QUDONG KEJI CHUANGXIN

驱动科技创新

中国科学院京区党建工作的实践与探索

中共中国科学院京区委员会◎编著

科学出版社

北京

图书在版编目(CIP)数据

驱动科技创新：中国科学院京区党建工作的实践与探索 / 中共中国科学院京区委员会编著.—北京：科学出版社，2017.4

ISBN 978-7-03-051498-1

Ⅰ. ①驱…　Ⅱ. ①中…　Ⅲ. ①中国共产党-中国科学院-党的建设-研究　Ⅳ. ①D267.6

中国版本图书馆 CIP 数据核字（2017）第002605号

责任编辑：侯俊琳　张　莉 / 责任校对：何艳萍

责任印制：徐晓晨 / 封面设计：有道文化

编辑部电话：010-64035853

E-mail: houjunlin@mail. sciencep.com

科学出版社出版

北京东黄城根北街 16 号

邮政编码：100717

http://www.sciencep.com

北京凌奇印刷有限责任公司 印刷

科学出版社发行　各地新华书店经销

*

2017 年 4 月第　一　版　开本：720 × 1000　1/16

2021 年 1 月第五次印刷　印张：18 1/4

字数：260 000

定价：78.00元

（如有印装质量问题，我社负责调换）

序

科技创新是党领导的中国特色社会主义伟大事业的重要组成部分，全面推进党的建设新的伟大工程是完成伟大事业的根本保证。在推进科技创新的过程中，有一个问题值得思考：经济社会的发展需要由创新来驱动，那么创新由什么来驱动？换言之，创新的动力来自哪里？有人认为，科技创新由好奇心驱动，也有人认为，科技创新由经济利益驱动，不同的思考角度得出不同的答案。由中共中国科学院京区委员会组织编写的这本《驱动科技创新：中国科学院京区党建工作的实践与探索》，从党建创新驱动国家科研机构科技创新的视角，对这个问题作了回答。

国家科研机构是国家战略科技力量，在国家创新体系中发挥着骨干引领作用。国家科研机构的核心价值，是在关系国家长远发展和战略全局的领域，由国家集中投资和组织开展计划明确、重点突出、影响深远的研究开发，保证科研的战略性、精准性、连续性和稳定性。当今世界，所有发达国家、新兴国家和发展中大国都有自己的国家科研机构，与研究型大学、企业研发组织共同构成国家创新体系的全景。国家科研机构形式多样、各有特点，与本国的历史、国情和发展阶段等密切相关。科技发达国家注重引导国家科研机构服务国家目标、提升核心竞争力，逐步建立了比较完善的治理结构、管理模式、资源配置机制、用人制度等，上述多种因素汇聚的“驱动”合力，保障了各国国家科研机构的有效产出。

坚持党的领导、加强党的建设是科技事业健康发展、国家科研机构有序运行的坚强保障。党的领导是政治领导、思想领导、组织领导的有机统一。与此相应，党建工作在国家科研机构的创新价值链中也发挥着方向引领、精神塑造、服务保障等作用。首先，要保证科学研究的“国家性质”，国家科研机构就要在发展定位、战略方向、研究计划、队伍组织、研究布局等方面，不断聚焦主攻方向、优化队伍结构，时刻想国家所想、急人民所急。各级党组织就要不断加强领导，保证正确的政治方向，推动党和国家的路线方针政策在科研院所的贯彻执行，切实发挥好政治核心作用。其次，塑造和引领人的精神，是党组织的价值所在，也是党的建设的根本着眼点。今天，肩负着国家重托的国家科研机构，面临着科学研究国际化、分散化等竞争压力，还面临着科研任务大型化、人员流动常态化等管理挑战，如何提高党组织凝聚力，抵御各种不良影响对人的精神侵蚀，提升人的精气神，提高团队的战斗力，是党建工作的重要任务。最后，党建工作要坚持与人才队伍建设、科技创新生态系统等工作有机结合，目标就是促进党建工作与其他各项工作的互相促进、共同进步。在“两弹一星”研制期间，有一大批干部加盟中国科学院，开展了大量具体细致的领导和组织管理工作，齐心协力、凝聚力量，发扬协作精神，推动了“两弹一星”事业的顺利开展，我们要继承好这些优良传统。总之，方向引领、精神塑造和服务保障的合力，构成党建工作对科技创新的“驱动力”。这种“驱动力”，虽然不是促进科技创新的唯一动力，但我相信，是最强大的动力之一。

2013年7月17日，习近平总书记视察中国科学院时提出“四个率先”的要求：中国科学院要牢记责任，率先实现科学技术跨越发展，率先建成国家创新人才高地，率先建成国家高水平科技智库，率先建设国际一流科研机构。全院上下要准确把握“四个率先”要求，进一步增强使命感、责任感和紧迫感，进一步提升创新发展的主动性和自觉性，以“率先行动”计划为统领，以“三重大”成果产出为中心，以全面从严治党为保障，以深化改革为动力，统筹推进科研布局、科技任务和体制机制改革，统筹协调人才、资金、平台等创新资源，充分调动各类创新主体和广大科研人员的积极性、主动性和创造性，确保创新产出、创新效益和创新能力再上一个新台阶。

中国科学院在北京共有47个直属机构，涵盖研究所、大学、企业等各类企事业单位，有基层党支部1100多个，党员4.2万人。呈现在你面前的这本《驱动科技创新：中国科学院京区党建工作的实践与探索》，总结了中国科学院京区党委带领京区各级党组织开展党建创新的实践经验，反映了中国科学院京区单位以改革创新精神推进党的建设、加快实现“四个率先”的主要进展，探索了新形势下落实全面从严治党要求，提高党建工作规范化、科学化水平的思路和举措。

我希望广大科技工作者特别是管理人员和党务干部能认真阅读这本书。希望你能读出对科技创新的关注、认同和满满的“正能量”，更希望你能读出对党建工作的热爱、投入和充足的“驱动力”。

2017年2月8日

目 录

创新注活力　党建促“率先”

——中国科学院京区党建创新的实践与研究

▶▶ 中国科学院京区党委课题组

引　言

创新是民族和国家发展的不竭动力，也是提高党建工作水平的动力源泉。近年来，中共中国科学院京区委员会（以下简称“京区党委”）认真落实中央关于加强党建工作的一系列重大部署，特别是十八大以来全面从严治党的要求，加强党的领导，推进党的建设，积极探索党建工作与科研活动的结合点，为科技创新特别是“率先行动”计划实施提供了有力的思想政治和组织保障。本课题回顾了中国科学院京区党建创新的经验和做法，探索了全面从严治党背景下进一步推进京区党建创新的思路和方式。为做好课题研究，课题组围绕党建创新的成效、问题和难点等问题，面向京区党员干部和科研人员开展问卷调查，共回收问卷603份，调查对象涵盖科研管理人员、科研工作者、党务管理人员、后勤支撑人员、在读研究生等群体。

一、中国科学院京区单位党建创新的实践与探索

在中共中央国家机关工作委员会的领导和中国科学院党组的指导下，京区党委带领京区各级党组织紧密围绕科技创新中心工作，建立健全党建创新机制，探索党建创新方式方法，形成了“13579”党建创新模式，激发了党建创新的内在活力，以党建创新的实践为科技创新提供坚强的保障。

（一）确立“一个目标”，在科技创新中发挥好党建工作的引领和保障作用

科技创新是科研院所的核心任务，“围绕创新抓党建，抓好党建促创

◎ 中国科学院京区党委庆祝建党 92 周年纪念大会

◎ 白春礼院长在中国科学院北京分院所级干部研讨会上作报告

新”，是科研院所各级党组织和广大党员的共识和自觉行动。京区各级党组织始终将“围绕科技创新、服务科技创新、促进科技创新”作为党建工作的出发点和落脚点，不断强化“围绕科技创新”的意识，提高“服务科技创新”的能力，增强“促进科技创新”的本领，真正发挥党建对科技创新的引领、驱动和保障作用。在工作机制上，京区党委通过开展“党建创新奖”评选，促进京区各单位党建工作创新。“党建创新奖”评选的前身，是京区党委从1999年开展的党建工作交流，自2004年起，该交流调整为京区“党建创新奖”交流评选。与此前相比，“党建创新奖”交流评选呈现出四个变化：一是在交流主体上，由以党办主任和党务主管为主，变为以党委书记为主，推动各单位党委书记更好地履行党建工作“第一责任人”职责；二是在评选主题上，每年根据党建工作的重点，凝练交流评选主题，并要求各单位围绕交流主题和各自工作实际，突出交流评选特点亮点、讲深讲透特色做法；三是在交流内容上，不仅着眼于基本组织、基本队伍、基本制度的创新探索，更着眼于“大党建”格局，推动党风廉政建设、青年思想教育、创新文化建设、党建带群建、党建信息化等领域工作的创新；四是在评选程序上，首先由协作片组织初评，每个协作片推荐3～4个单位参加京区范围内的交流评选。“党建创新奖”评选有效激励和推动了各单位党建工作创新，涌现出了一批可推广、可借鉴的党建工作模式，也为党务干部展露才华、交流经验提供了一个广阔的舞台。

（二）明确“三个理念”，夯实党建创新的思想根基

京区各单位党委按照建设学习型、创新型、服务型党组织的要求，不断凝聚新共识、开辟新思路、明晰新理念，不断夯实规范之基、强化创新之力、提高服务之效。

1.“从严治理”的理念

“没有规矩，不成方圆。”党建工作创新的基础是党建工作规范化、制度化。2013年，针对科研一线支部书记普遍缺少党务工作经验的问题，京区党委制定印发《中国科学院基层党支部工作手册》，突出“三会一课”等应知应会、必学必懂的内容，注重工作记录、组织考评，印

◎ 院党组成员、京区党委书记何岩同志在京区“党建创新奖”评选会上讲话

发到京区每个党支部；2015年，推出了《中国科学院基层党支部工作手册》第二版，进一步修订、细化了部分工作流程。《中国科学院基层党支部工作手册》的推广使用，有助于党建工作实现标准化建设、规范化运行。

2. “服务科研”的理念

各单位党委始终将促进科技创新的成效作为检验党组织履行职能、发挥作用的重要标尺，找准党建工作切入点，支持、配合所行政班子转变发展思路、调整学科布局、凝练发展目标，推动党建工作与科技创新工作紧密结合、相互促进。十八大以来，京区党委重点推进了“聚焦献力”主题实践活动，引导党建工作向“一三五”规划聚焦、为“率先行动”计划献力，把服务科技创新作为党组织的重要任务，把群众满意作为党建工作的检验标准，着力提高党组织服务群众、凝聚人心、促进创新的能力。

3. “创新发展”的理念

京区各级党组织不断探索党建工作与科研活动的结合点，在“渗透”和“融入”上下功夫，增强问题意识，坚持问题导向，做到瞄准靶心、有的放矢，实现重点突破、纲举目张，确保党建工作方向明确、重点突出、责任明晰、推进有序，努力使党的建设更加适应科技创新规律，为科技创新提供可靠的政治和组织保障。

三种理念是一个有机的整体，没有“从严”的“服务”和“创新”，会使党组织陷入“宽松软”而失去战斗力；没有“服务”的“从严”和“创新”，会削弱科研院所党组织的凝聚力；没有“创新”的“从严”和“服务”，则无法使科研院所党组织与时俱进。总之，从严治理是工作基础，创新发展是不竭动力，服务科研是核心使命，三者相辅相成，共同构成了科研院所推进党建工作创新的基本理念。

（三）抓好“五个结合”，健全党建创新的工作机制

京区各级党组织将党建工作与人才队伍建设、创新文化建设、思想作风建设、群团统战工作、调查研究有机结合，促进了党建工作与其他工作的有机融合、良性互动。

1. 将党建创新与人才队伍建设紧密结合

各单位党委将人才队伍建设作为党建工作的重要内容，坚持政治上关心、业务上支持、生活上照顾各类人才，建立起了“党委牵头、广泛参与、部门合作、上下联动、人事协调”的人才工作机制，用事业凝聚人才、用实践造就人才、用机制激励人才，为人才脱颖而出、施展才干搭建舞台、创造机会，形成了事有人干、人有事干、留得住人、干得出活的良性循环；切实抓好科研骨干入党工作，把骨干发展成党员、把党员培养成骨干，保持科技队伍的先进性；对各类人才严格要求、规范管理，打造出了一批特色团队，树立了一批优秀典型，凝聚和造就了一批行业领军人才。

2. 将党建创新与创新文化建设紧密结合

各单位党委将创新文化建设作为党建工作的重要抓手，作为提升研究所科学发展软实力的重要手段，作为党组织投身科技创新的重要阵地，大力弘扬“创新科技、服务国家、造福人民”的科技价值观，努力构建“充满活力、包容兼蓄、和谐有序、开放互动”的创新生态系统。各单位健全完善了由党政主要负责同志任组长、各职能部门负责人为主要成员的创新文化建设领导小组，形成了党政群通力协作、密切配合、齐抓共管的工作局面，将创新文化建设这一“多部门、多角色、多层面”的系统工程抓紧、抓实、抓好，将创新文化建设与管理工作协调推进，打造了一个个党建创新品牌。

3. 将党建创新与思想作风建设紧密结合

各单位党委将思想作风建设作为党建工作的重要任务，结合党的群众路线教育实践活动、“三严三实”专题教育、“两学一做”学习教育等重要

契机，开展了行之有效的理想信念教育活动，不断增强广大科技工作者对“科技报国、创新为民”的认同感和责任感，引导他们树立正确的科技价值观；以严格组织生活增强党性修养，以学思践悟促党员不忘初心，以做“四讲四有”标杆为党旗增光添彩；将落实党建重点工作任务与服务中心、建设队伍、推动发展有机融合，将着力点放在加强和改进作风建设、提升管理效能和服务水平上，不断提高党组织的自我净化、自我完善、自我革新、自我提高能力，推动作风建设制度化、规范化、常态化。

4. 将党建创新与推进群团统战工作紧密结合

各单位党委坚持党建带群建、群建促党建，不断健全完善领导协调机制。各单位党委指导职代会和工会以推动民主管理、加强民主监督、维护职工合法权益为着力点，积极开展“职工之家”和“职工小家”建设。各单位党委引导基层团组织以广大团员青年需求和成长成才为出发点和落脚点，紧贴科研中心工作，争创“五四红旗团委”。各单位党委指导妇委会以提高广大女职工整体素质为目标，持续开展“巾帼建功”创建活动，努力发挥“半边天”作用。离退休党总支发动离退休同志退休不褪色、离岗不离党、余热再生辉，做到老有所学、老有所乐、老有所为。各单位党委加强对学生会、研究生会的教育引导，使他们充分发挥桥梁纽带作用，传递各类政策信息，反映学生心声意愿，开展主题特色活动。各单位党委注重发现、充分尊重、重点培养党外人士，努力发挥党外人士的重要作用，为研究所创新发展提供了重要的智力支持。

5. 将党建创新与调查研究紧密结合

京区党委、京区各单位党委在开展党建实践创新的同时，坚持问题导向，注重党建工作和思想政治工作调查研究，提出适应国立科研机构党建工作的新思路、新模式。京区党委作为全国党建研究会科研院所专委会秘书处，加强与全国各行业科研院所的沟通交流，学习了先进经验，拓展了视野领域，就新形势下科研院所党的建设重大问题开展了深入调查研究，积极承担全国党建研究会、中央国家机关党建研究会等课题，近年来先后获得全国党建研究会、中央国家机关党建研究会等奖励十余项，在科研院所党的建设实践和理论研究中发挥了引领示范作用。中国科学院党的建设研究会和思想政治工作研究会作为全院开展党的建设理论和实际问题研究的平台，紧密结合中国科学院科技创新实践中涌现出的党建工作新情况、新问题，先后支持立项150余个课题，深入总结了党建工作的新经验，探索了改进党建工作的新思路，在提高党的建设工作科学化水平中积极发挥了“思想库”作用。

（四）突出“七个强化”，充分发挥基层单位的积极性、主动性、创造性

在“党建创新奖”的激励和带动下，京区各单位党委在推进基层党建工作中，以“聚焦献力”（向“一三五”聚焦，为“创新2020”和“率先行动”计划献力）主题实践活动为牵引，重视内容、载体、方式、方法等创新，开展了形式多样、内涵丰富、兼顾各方、务实有效的主题实践活动，使党建工作看得见、摸得着、感受深刻。

1. 强化社会主义核心价值观教育，持续加强科技工作者思想教育

力学所党委以钱学森、郭永怀、郑哲敏等科学大家的“工程科学”思想和“科技报国”情怀为核心，以“实、新、专、常、深”为工作思路，引导科研人员将个人兴趣与国家需求紧密结合，倡导甘于奉献、团结合作。计算所党委以“缅怀革命先驱、践行先烈精神”为宗旨建立狼牙山党建教育基地，通过重走烈士道路、攀登狼牙山顶开展党性教育；以“传递爱心、造福社会”为宗旨建立济宁党群社会实践基地，定期为当地福利中心的老人、孩子送去慰问与关怀。自动化所党委以《创新案例》宣讲为抓手，引导青年党员树立正确的科研价值观；以“党史·党风·党情”为主题，增强青年党员党性修养；以“强党性·作表率”为主题，引导青年党员争做

先锋模范。

2. 强化党建工作制度体系建设，筑牢制度的笼子

院部机关党委始终将制度建设作为提升管理效能和服务水平的重要途径和手段，坚持每年开展职能梳理和制度清理，清理工作事项、清理工作界面、下放工作职能、简化工作流程、绘制工作流程图，建立起了制度执行与完善情况的年度报告机制、制度评价反馈机制。电工所党委坚持“依法治所”，将各项工作纳入制度化轨道，狠抓制度的废、改、立，先后修订、新制定规章制度100余项，涵盖了研究所管理的各方面，实现了制度的实时更新、动态维护。

3. 强化创新之化建设，筑牢精神文明高地

遗传发育所党委坚持博观约取立品牌、厚积薄发创文化，凝练出了以“厚德、笃志、求索、创新”为内涵的“遗传发育所精神”，开展了以“高效科研、节能科研、美丽科研、快乐科研”为内涵的“绿色科研”品牌活动。声学所党委视文化为灵魂，注重对研究所50多年积淀的文化和精神进行提炼和总结，确立了“爱国奉献、求实创新、诚信唯真”的核心价值理念，用特色文化凝聚人，用声学精神鼓舞人，用共同目标引领人。微电子所党委坚持“惟精惟一、求是求新”的所训，凝练出了“团结协作、和谐奋进、共创大业；相互尊重、相互支持、变竞争为竞赛”的核心价值理念。

4. 强化主题创建活动，夯实基层党建工作基础

微电子所党委开展“最佳主题党日”创建活动，以项目管理的方式支持党支部开展主题活动，实现了党支部、党员参与的全覆盖；以“三严三实”“四讲四有”和“五带头”为标准开展“共产党员先锋岗”创建活动，引导全体党员立足本职，做合格党员、争当党员先锋。化学所党委将科研组织模式融入党建创新活动中，鼓励党支部以课题申请方式撰写申请书，择优资助支持党支部。科学出版社党委坚持“抓落实、全覆盖、求实效、受欢迎”的工作思路，创新支部设置方式，坚持党委委员联系党支部制度，每年举办党务干部专题培训班，对支部工作量进行考核评价。

5. 强化高端论坛建设，拓宽党建工作领域

电子所党委打造了综合性文化论坛“科电论坛”，邀请国内外著名专家和社会各界杰出人士，专题讲解与改革创新发展相关的重大问题和社会热点前沿问题，交流创新思想和学术成果，促进科学精神和人文精神的融合。“遗传发育所精神大讲坛”秉承“弘扬创新精神、启迪创新智慧”的宗旨，力邀国内外著名专家学者、创新企业家前来宣讲，从理想信念、学科交叉、创新思维、科学精神等方面提升研究所的文化品位和创新文明。中科资源集团党委设立“中科资源企业名人讲堂”和“中科资源文化讲堂”，邀请院内外成功企业家、专业领域有所建树的专家作专题演讲，宣传公司核心价值观和文化思想理念，引导干部员工开阔眼界、拓展思路、转变观念。

6. 强化系统化培训，推进学习型党组织建设

过程所党委统筹协调所内培训资源，建立了具有研究所特色、党委书记担任院长的“SKIPER”学院（跨越者学院），组织实施过程所“卓越培训计划”，以青年人才为重点，突出科研能力、实际工作技能培训。中科资源集团党委打造“中科资源网络大学”（E-learning）平台，建立全覆盖培训体系，以新时代的载体和工具应对公司发展的关键问题，帮助员工转变思想意识、拓宽知识结构，成长为复合型人才。

7. 强化新媒体传播，扩大党建活动影响力

院部机关党委充分利用“支部工作”APP，交流思想、增进沟通、共同进步。遗传发育所党委开通“绿色科研”微信平台，定期发布“绿色科研”行动指南，并将平台作为系列活动征集和展示的平台，深化绿色理念。过程所党委利用微信、飞信、QQ群等新媒体平台，将思想政治学习融入日常生活，使教育工作变成喜闻乐见的思想交流活动。科学出版社销售财务党支部开展“移动互联”学习，全体党员安装“学习中国”APP，建立支部百度云盘和微信群，实时掌握最新学习资料。

（五）抓好“九类管理”，按照“6+3”格局全面推进党建工作

按照全面从严、分类管理的思路，京区党委和京区各级党组织扎实推进京区“科研、机关、支撑、学生、企业、离退休”6个领域党组织和“外场重大科研任务、异地大科学工程和分支机构、野外台站”3个领域新型党组织的党建工作，不断探索个性化的党建工作创新模式。

1. 抓好六个传统领域党组织建设

坚持统筹协调、分类推进、积极探索，健全科研院所党的基层组织体系，切实解决基层党组织地位边缘化、作用弱化虚化等问题。

（1）科研一线党组织以“思想上的战斗堡垒、工作中的中流砥柱、职工群众可以依靠的港湾”为工作定位，以服务和促进科研成果产出作为最大的“政治”，坚持“支部建在实验室”，推行研究室主任、学科组长等科研骨干兼任党支部书记，实现党务和科研工作互相促进、有机结合，以思想政治教育为抓手，引导党员自觉聚焦科技创新前沿，献力国家战略需求。

（2）机关党组织以制度建设和精细化管理为抓手，加强制度梳理和更新，使各项工作有章可循、有制可依、有据可查；加强与科研单元沟通，增强服务意识，改进工作作风，建立“首问负责制”，实现“一专多能”“一岗多能”，提高办事效率，积极为科研一线排忧解难。

（3）支撑系统党组织秉承“科学引领、技术先行”的理念，紧密围绕科学研究与技术创新两个中心环节，注重调动和激发每个人的潜能、培养集体荣誉感，激励大家成为技术能手，为广大技术人员提供全方位的服务，解决后顾之忧。

（4）学生党组织适应“科教融合”“两段式”的培养模式，融入“党委领导、研究生党总支、研究生处／部、各研究室和导师齐抓共管”的研究生思想教育体制，加强意识形态引导，积极开展社会实践活动和青年志愿者

活动，培养学生党员的责任感和使命感。

（5）企业党组织结合生产经营实际，建设了一支经得起困难和风险考验，在企业战略转型、产品培育、技术研发、市场开拓中发挥先锋模范作用的党员队伍。通过实践，努力打造科技型企业的特质。

（6）离退休党组织与离退休办公室、离退休协作片共同搭建起“三位一体”的离退休工作网络，定期召开情况通报会、座谈会，通报重大事项、重点工作，认真落实离退休同志政治待遇；组织老同志对研究所发展建言献策；组织开展老年大学、文艺演出等品牌活动，丰富离退休同志生活。

2. 抓好三个领域新型党组织建设

京区各单位党委根据基层党组织“全覆盖”的要求，积极适应科技创新的新情况，认真探索新型党建工作模式。

（1）探索“外场重大科研任务党建工作模式”。京区相关研究所承担了“载人航天”“探月工程”等重大科研任务，党组织作用的发挥对外场科研任务的成功完成具有重要影响。例如，空间中心党委系统梳理外场科研任务的主要特点，客观分析外场党建工作的特殊困难，有效采取党建服务外场科研的重点措施，成立试验队临时党支部，围绕任务提升技能，及时掌握思想动态，在实战中锻炼队伍，探索出了党建工作与外场科研任务的深度融合“三部曲”。他们还总结出了外场重大科研任务党建工作“四要素”（引、带、帮、促）和“党建工作与项目管理紧密融合工作法”（任务目标、执行理念、组织、管理过程融合）；空间应用中心空间应用系统发射场试验队临时党委立足重大需求、强化使命担当，以军令状明确党建目标，以爱国主义情怀激发斗志，以工程管理思维促进党建创新，坚持支部建在分队，按任务阶段调整支部，以传承航天精神凝练工程总体文化。

（2）探索“异地大科学工程和分支机构党建工作模式”。在中国散裂中子源建设过程中，高能所党委将“保障工程建设”作为党建工作的根本着力点，探索“异地党建模式”，助力大科学工程建设；将东莞分部党组织建设纳入所党委整体工作统筹考虑，做好顶层规划；指导东莞分部各级党组织发挥政治核心作用，以点带面、以老带新，帮助职工解决实际困难，营造特色文化氛围，为科研任务保驾护航。党组织在推进工程建设中发挥了不可替代的作用。国家天文台在“500米口径球面射电望远镜”（FAST）建设中，充分发挥党支部的战斗堡垒作用和党员的先锋模范作用，保障了工程的顺利进行。

（3）探索“野外台站党建工作模式”。中国科学院现有200余个野外台站，在科技创新中发挥着重要作用。野外台站大多分布在自然环境恶劣、条件艰苦、交通不便的野外、边疆，如何使野外台站的科研人员在远离家人的艰苦环境下，还能全身心投入科技创新，是摆在野外台站党组织面前的一个重大课题。例如，地理所野外台站联合党支部想科研人员之所想、急科研人员之所急，开展了面向野外台站科技人员需求的全面调研，党支部积极向所党委、所领导反映并推动解决野外台站中青年职工在职称评定、住房、配偶两地分居、子女入托入学等方面存在的困难，解除他们的后顾之忧，激励了他们的工作干劲，提高了党支部的凝聚力。

二、京区党建创新的主要成效和经验

京区党建创新的实践取得了良好效果，为研究所各项事业发展提供了坚强有力的保障。

（一）强化了党建工作责任制，形成了“书记抓党建”的良好氛围

各单位党委坚持选拔政治上靠得住、工作上有本事、作风上过得硬、职工群众信得过的党员担任党务干部，通过集中培训、专题研讨、理论学习等途径，不断提升他们的政治素质和业务能力，打造了一支政治强、业

务精、作风好的党务干部队伍。

（二）搭建起了党建工作交流的良好平台

已经连续开展16年的“党建创新奖”评选激发了各单位党委推动党建工作的活力，提升了党建工作的创新能力，提供了各单位之间互助交流、比学赶帮超的有益平台，更涌现了一批可借鉴、可推广的党建创新工作范例，为提升京区各单位党委的整体水平发挥了示范和引领作用。

（三）营造了良好的科技创新生态环境

各单位党委通过大力推进党建工作和创新文化建设，使科研人员潜心致研、管理人员集中精力服务科研，形成了人人心情舒畅、人人想干事业、人人能干成事、大家一起干大事的人文生态环境。党建创新活动使广大党员经历了规范的组织生活、严格的党性锻炼和深刻的思想教育，党员队伍不断壮大，素质持续提升，党员的先锋模范作用得到充分彰显。党建创新活动在研究所学科方向布局调整、科研项目争取、重大任务攻关等重要工作中发挥了积极作用。近年来，京区各单位在各自研究领域取得了突出的科研创新成就。

通过开展党建创新，也积累了一些党建创新的有益经验。

（一）必须始终坚持从严要求与创新方式相结合这一工作主线

党建工作必须落实全面从严治党新要求，坚持思想建党和制度建党紧密结合，严肃党内政治生活，强化党建工作的政治性、原则性；同时，要通过创新，让党的活动更富有时代气息，进一步增强党建工作的时代性、战斗性。

（二）必须始终坚持党建工作对科技创新的引领这一根本任务

党建工作要围绕中心、服务大局，党建工作更应引领服务科技创新、弘扬创新文化、优化创新环境，充分发挥党组织的政治引领和服务功能，为科技创新提供良好的政治生态和坚强的政治保障。

（三）必须始终坚持党建工作融入科技创新全程这一基本思路

坚持党建创新与科技创新融为一体，互相促进、齐头并进，克服“两张皮”问题。党建工作必须始终坚持把“围绕科技创新、服务科技创新、促进科技创新”作为党建工作的出发点和落脚点，才能使党建工作定位更加准确，才能更好地发挥党组织的作用，增强党组织的凝聚力。

（四）必须始终坚持党建理念、方式、载体创新这一有效途径

党建工作必须坚持与时俱进，不断创新党建工作理念、工作内容、工作方法、工作载体、工作机制，拓展党建工作新领域，探索党建工作新途径，增强党建工作新活力。

三、党建创新面临的新情况和新挑战

经过多年的实践和探索，虽然京区党建创新取得了一些成绩和经验，但与新形势、新要求相比仍有差距和不足。这就要求我们进一步增强责任感、紧迫感，不忘国立科研院所党建工作的初心，在推进科研院所党建创新的道路上勇于探索、继续前进。党建创新面临的新情况和新挑战主要有以下三个方面。

（一）党建创新如何与坚持思想建党和制度治党紧密结合

习近平总书记强调，全面从严治党必须坚持思想建党和制度治党紧密结合。党的思想建设和制度建设是推进从严治党的两大抓手，也是京区党建工作的重要任务，应当成为党建创新的努力方向，成为重点研究探讨的问题。必须坚持并逐步实现思想建设和制度建设紧密结合，同向发力、同时发力。目前，存在着弱化思想政治工作的倾向，部分单位对思想政治

工作的重视程度不够，党员群众的积极性、创造性未能充分调动和发挥。47.6% 的受访者认为，普通党员参与党建创新的积极性和智慧发挥不够，与思想教育不充分有很大关系；一些制度流于形式、落实不好。28.9% 的受访者认为党建工作存在为了创新而创新的问题，往往忽视了制度、组织建设等党建工作基础。40% 的受访者认为机制体制等更深层次的创新在工作中体现较少。个别单位党建制度空洞乏力，多而不精，起不到应有的作用，制度执行力度不够，存在简单化和片面化等问题，不能完全执行到人到事，尤其是责任追究不到位。此外，思想建设和制度建设结合不紧。个别单位认为思想建设与制度建设是相互独立的两个方面，没有意识到两者结合的重要性，习惯于“单打一”，对广大党员进行思想教育时，缺乏警示教育和制度宣贯，让广大党员、干部在思想上没有划出红线、明确界限，没有做到真正敬法畏纪、遵守制度。因此，要通过党建工作创新，促使各级党组织改变缺乏统筹协调的状况，做好配套衔接工作，增强思想建设与制度建设的整体功能。逐步实现思想教育结合落实制度规定来进行，制度的制定、执行将思想教育贯穿全过程，促进党建工作科学化、制度化水平的全面提升。

（二）党建创新如何与推进科技创新、加强人才队伍建设有效互动

党的十八大提出实施创新驱动发展战略，对科技创新提出了更高要求。中国科学院实施“率先行动”计划和“一三五”规划，确立了出成果、出人才、出思想的目标。科研机构的党建工作，应坚持围绕中心、服务大局，以加强人才队伍建设为抓手，促进党建工作与科技创新工作紧密融合，推动党建工作更好地服务科技创新、引领科技创新、驱动科技创新。这是科研机构党建工作创新的特有规律和特殊要求。调查显示，65.7% 的受访者认为党建工作如何与科研紧密结合仍是目前京区党建工作创新最需要改进的方向，因此，必须在总结以往经验的基础上，针对新任务、新使命、新要

求，探索党建工作围绕、融入、促进、服务科技创新的有效措施，以此作为党建工作创新的重点来抓。通过不懈努力，使围绕科技创新抓党建、抓好党建促科技创新常态化、制度化，在真正意义上实现党建工作与科研有机融合，促进和保证科研工作任务的圆满完成，为多出成果、多出人才、多出思想提供动力支持和可靠保证。当前在一些研究所中，仍然不同程度地存在党建工作与科研工作联系不紧密甚至互相脱离的问题。例如，少部分党员干部片面地认为，党建工作与科研业务工作互不相关，存在“两张皮”现象是必然的，这种意识使党建工作无法发挥引领、驱动、服务科技创新的作用，党建工作的驱动力、引领力未能传输到科研活动环节，造成了党建和科研两个轮子各自“自转”；个别党务工作者没有从科技发展的角度创新党建工作方法，缺乏对科技成果产出、转移转化与党建工作结合的探索。在本次调查中，34.8% 的受访者感觉党建工作更倾向于较为容易开展的工作形式创新和文化创新，真正行之有效的措施和手段不多，致使科研院所的党建工作创新在一些单位无法真正落到实处；缺乏将党建工作与科研工作结合的评价标准，相应的动力和保证机制不够健全。目前部分科研单位是就党建评党建，考评机制内容有待调整和完善。从党员角度而言，没有明晰党员先锋作用的发挥与科技创新成果之间的必然联系。为实现党建与科研工作的融合，从而推动科技创新发展，应将党建工作模式建立在科研工作模式的基础之上，进一步激发党支部工作活力，促进党建工作顺利进行。所党委应积极参与所内政策制定与战略研讨，将科研院所的重点难点问题作为党建的重点工作进行研究部署；积极配合研究所全面实施人才培养引进系统工程，探索优化人才发展环境的新思路、新举措。

（三）党建创新如何与加强纪律建设、严肃党内政治生活有机结合

习近平总书记在党的群众路线教育实践活动总结大会上发表重要讲话，对全面从严治党做出总体部署，要求从严治党必须具体地而不是抽

象地、认真地而不是敷衍地落实到位。一再强调把纪律建设摆在更加突出位置的要求，把严明党的纪律和规矩作为从严治党的中心环节来抓；党要管党必须从党内政治生活管起，从严治党必须从党内政治生活严起。为此，党建工作创新必须以此为基本遵循，结合这些新要求来开展。在本次调查中，51.4% 的受访者认为如何将全面从严治党要求和党建工作创新有机结合是目前京区党建工作创新的重点和难点。全面从严治党的首要任务即是加强纪律建设、严肃党内政治生活。纪律是党的生命，加强纪律建设是全面从严治党的治本之策，是严肃党内政治生活的保证。要把全面从严治党要求具体化、部门化、细化、实化。通过营造良好的小气候，促进大气候的进一步形成。要落实全面从严要求，严肃党内政治生活，就必须坚持从巩固党的执政地位的大局看问题，做到“跳出党建看党建、结合业务抓党建”。在京区单位党建工作实际中，还存在一些问题。例如，个别单位对民主集中制执行不够好，民主的氛围不够，在本次调查中，27% 的受访者认为在监督评价体系的建立上创新不足，党委的参与和监督得不到应有保障，个别研究所党委服务、保证、监督作用未能充分发挥和体现，工作的显示度和影响力有待增强。调查还发现，所级单位党委书记、副书记或党委委员绝大多数属于科研与党建“双肩挑”，部分同志在实际工作中存在着重科研、轻党建的现象，党建工作投入从时间和精力上明显偏少；基层党支部书记（委员）以兼职为主，由于学习培训不够、评价激励措施不力等原因，不少人履职尽责意识不强，工作标准不高，未能真正做到真学、真懂，想干、会干，用心、尽心，使党建的经常性、基础性工作在一些单位“挂了空挡”，存在“最后一公里”的问题。另外，党的纪律松弛、党内政治生活制度落实不好的问题，在许多单位不同程度存在。因而，按照全面从严治党的要求，从科研院所的领导体制和工作特点出发，在抓好党建工作内容、载体和形式创新的同时，必须突出加强纪律建设，严格党内政治生活，坚持“三会一课”制度，坚持民主生活会和组织生活会制度，坚持谈心谈话制度，坚持对党员进行民主评议，确保党组织和党员应有作用的充分发挥。

四、落实全面从严治党要求，深入推进京区党建创新的几点思考

2013年7月17日，习近平总书记视察中国科学院时提出了“四个率先”的要求，中国科学院党组及时推出“率先行动”计划，作为贯彻创新驱动发展战略和习总书记“四个率先”要求的重大举措，成为当前和今后一个时期统揽全院改革创新发展的行动纲领。如何在新要求和新形势下继承和发扬传统，继续做好中国科学院党建创新工作，是摆在中国科学院各级党组织面前的新的重要课题。

（一）将全面从严治党作为进一步推动京区党建创新的重要遵循

党的十八大以来，以习近平同志为核心的党中央从坚持和发展中国特色社会主义全局出发，站在实现“两个一百年”奋斗目标、实现中华民族

◎ 京区党委举办“长征路上科苑人——中国科学院京区纪念红军长征胜利80周年”活动，京区党委副书记房自正参加活动

伟大复兴的中国梦的战略高度，扎实推进全面从严治党。2016 年 9 月 11 日中国科学院党组下发《中共中国科学院党组落实全面从严治党要求实施方案》，要求全院以全面从严治党要求为主线，坚决落实全面从严治党主体责任，不断提高全院党的建设规范化和科学化水平。京区党建工作要以改革创新的精神状态、思维方式、思想作风、工作方法全面加强党的各方面建设，坚持不断进行实践创新，重点是在加强和规范党内政治生活、加强党内监督、推进理想信念教育、强化基层党组织制度建设、严明政治纪律和政治规矩等方面进行工作创新，不断增强基层党组织的创造力、凝聚力、战斗力，更加有效地发挥党组织的政治功能和服务功能。

（二）将助力“率先行动”计划作为进一步推动京区党建创新的重要任务

习近平总书记强调，要把科技创新摆在更加重要位置，吹响建设世界科技强国的号角。科技兴则民族兴，科技强则国家强。实现“两个一百年”奋斗目标，实现中华民族伟大复兴的中国梦，必须坚持走中国特色自主创新道路，面向世界科技前沿、面向经济主战场、面向国家重大需求，加快各领域科技创新，掌握全球科技竞争先机。中国科学院在建设世界科技强国的任务面前责任重大、使命艰巨。京区基层各级党政领导班子，要紧密围绕科技创新这一总主题达成党建创新的共识，找准世界科技发展趋势，找准我国科技发展现状和应走的路径，结合北京科技创新中心建设的实际需求，把发展需要和现实能力、长远目标和近期工作统筹起来考虑，有所为有所不为，提出切合实际的发展方向、目标、工作重点。必须紧紧抓住科技创新这个核心，积极进行党建工作创新，抓好顶层设计和任务落实，努力使党建创新成为科技创新的引领和驱动，为科技创新做好服务和保障。

（三）将坚持问题导向作为进一步推动京区党建创新的重要方法

党建创新不是为了创新而创新，而是为了解决问题而创新。在本次党建课题调研中，广大基层党员和群众对京区党建创新提出了很好的意见和建议，例如，党建创新应服务于科研创新、服务于社会与民生发展，重视基层党员建议，务实完善机制制度；坚持以科研创新为中心，落实从严治党的责任，加强基层党建创新；要在教育管理上创新，进一步激发党组织的活力，激励党员主体作用的发挥；切实加强党务干部的培养和培训；以活动为载体，寓教育于活动之中；增强党组织在党员群众中的凝聚力和号召力，要更加务实地解决党员群众工作生活中面临的突出困难。同时，坚持问题导向，需要各级党组织不断带着问题调研，多到基层中接地气，多到现场摸实情，从基层干部群众的实践创造中寻找解决问题的钥匙。要用强烈的忧患意识和责任意识，勇于担当、积极作为的进取精神坚持进行党建创新。

（四）将完善激励机制作为进一步推动京区党建创新的重要牵引

根据全面从严治党的要求，进一步完善“党建创新奖”评选的新定位，以改革的精神将基层党建创新工作不断深入推进；细化评选要求，针对党建工作不同层面的问题开展分类评选，根据解决实际问题的需求建立专项评选或主题式评选，着力推动解决突出问题，进而使基层党组织的自身建设和工作方式更加适应新形势、新要求；加强成果宣传、推广。“党建创新奖”的评选涌现出了一批值得推广和借鉴的好做法、好点子、好经验，建立更加多元化的资源共享平台，加强基层党组织中理念、机制、思路、载体创新的典型案例宣传，展现基层党组织创新工作活力、有效发挥作用的生动实践，促进党建工作创新经验的共享。建议基层党委要以创新党建工作体制机制为重要牵引，狠抓制度、队伍、人才、评价等方面的机制体制建设，不断完善制度建设和组织建设，尤其是加强基层党支部书记等带头人的队伍建设；要满腔热情地支持党支部干部大胆创新，尊重基层的首创精神，敢于为他们承担责任，尽力解决他们在工作、生活上遇到的困难和问题，激发基层党支部的工作活力和工作动力，确保基层党组织有资源、有能力为群众服务，使基层党支部的战斗堡垒功能真正发挥“保驾护航”作用。

（五）将创新工作载体作为进一步推动京区党建创新的重要手段

习近平总书记指出，党建工作创新要重点抓好理念创新、手段创新、基层工作创新，努力以思想认识新飞跃打开工作新局面，积极探索有利于破解工作难题的新举措、新办法，把创新的重心放在基层一线。在京区，当前基层党建工作面临许多新情况、新问题，特别是面对组织形式的多样化、流动党员的大量增加和信息网络技术的广泛运用，党的基层组织体系和工作途径、活动方式还有不少需要完善的地方。要运用新手段、新方法积极创新党建工作载体，将思想政治建设、理想信念教育作为出发点和落脚点，充分运用新媒体、移动互联网、电话会议等新载体，配合传统的书刊、会议等形式加大党员教育管理力度，特别是在领导班子建设和党务干部队伍建设方面注重落实、务求实效。使广大党员充分利用多种载体坚持学习，在实践中增长才干，尽力避免“本领恐慌”；使广大党员领导干部坚持学习，始终经得起各种风险挑战和利益诱惑的考验。

（六）将提升规范化、科学化水平作为京区党建创新的重要目标

党的工作归根到底就是要凝聚人心，党建工作创新要以人为本。中国科学院京区各级党委要围绕人才队伍建设这个关键，特别是青年人才的教育与培养，打造凝心聚力的创新文化，加强党风廉政建设和反腐倡廉建设，指导工青妇组织配合党委开展喜闻乐见、丰富多彩的群众活动，重视并细致入微地做好统战和离退休工作。通过在以上工作层面不断创新，为中国科学院的创新发展提供奋发向上、风清气正、团结和谐的创新生态环境。同时，在基层党建创新工作中既要有一定高度的“顶层设计”，又要有尊重群众首创的“基层探索”，并实现两者之间的良性互动。要更加注重“民主

化参与”的方式，创新符合自身需求的工作方式。建立顺畅的沟通交流机制，着力探索建立经常性互动机制，使党员群众的利益表达更加顺畅、有效。要鼓励和发动每一位党员参与到党建创新实践中，运用创新智慧解决问题、激发热情。

课题组组长：何　岩

副　组　长：马　扬　胥伟华　倪　宏　房自正

成　　　员：蔡晨曦　贾宝余　马　强　吉　顺　刘　冰　王宇星

强化履职责任　提升工作能力

——中国科学院京区党务干部队伍建设的实践与探索

▶▶ 全国党建研究会科研院所专委会课题组

引　言

国立科研院所作为国家科技创新的中坚力量，为实施创新驱动发展战略、推动创新型国家建设做出了重要贡献。党的建设是国立科研机构的一项重要工作，为科技创新提供坚强的政治和组织保障。党务干部是科研院所推进全面从严治党、落实“创新为民”宗旨的重要力量。加强党务干部队伍建设，是科研院所推进全面从严治党的必然要求，也是科研院所开创党建工作新局面的组织保证。本文以中国科学院京区研究所为例，分析了科研院所党务干部队伍建设的现状，总结了党务干部队伍建设的经验，研究了新形势下党务干部队伍建设面临的问题和挑战，探讨了进一步加强党务干部队伍建设的对策。

一、科研院所党务干部队伍建设的实践探索

在中央国家机关工作委员会的领导和中国科学院党组的指导下，中国科学院各级党组织准确定位、求真务实，团结带领广大党员和科技工作者，扎实推进科技创新，取得了重要成就。科研院所党务干部在党建工作中充分发挥了骨干力量。截至2016年9月30日，中国科学院京区共有基层党委（直属党总支）47个，党支部1175个，专兼职党务干部2000余人（包括党委书记、纪委书记、党办主任、党务主管、支部书记等）。中国科学院京区党委、京区各单位党委紧密结合实际，从干部选配、能力建设、实践锻炼、激励约束、把握规律等方面采取切实措施，努力建设了一支与党建工作和科技创新发展新形势、新要求相适应的高素质党务干部队伍。

（一）在关键岗位配置上明确要求，选好配强党务干部

按照德才兼备、以德为先的原则，认真抓好研究所党务干部关键岗位

◎ 京区党委常务副书记马扬同志在“党建工作创新奖”评选会议上讲话

的选配。一是坚持党委负责同志“专兼结合”配备。党委书记一般从经过党、政两种岗位锻炼的党员骨干中选拔。《中国科学院研究所综合管理条例》规定，研究所实行所长负责制，党委起着政治核心和保证监督作用。《中国科学院党的建设工作规则》中规定“坚持党委书记与副书记岗位配置专兼职结合制度，科研型的党委书记配备一名管理型的党委副书记”。京区党委明确要求：党委书记要增强责任意识，认清岗位职责，抓好党委工作；要加强学习，不断总结和探索党建工作的经验、规律，努力提高党建工作科学化水平；科研型的党委书记要切实保证和加大对党务工作的投入，兼任行政副职的党委书记要聚焦党务工作主业，把主要的精力放在党务工作上。部分研究所的所长、党委书记还实现了所内“交换任职”，党政主要负责人团结协作、相互支持，从根本上推动了研究所持续健康发展。实践证明，研究所党委负责同志“专兼结合”的做法既符合研究所以科研为中心的特点，便于党务工作与科研工作的紧密融合，又有利于党建工作的落实，发挥党委政治核心和保证监督作用，更有利于党务干部的全面发展。二是明确党委办事机构设置和人员配备。《中国科学院党的建设工作规则》中规定“党员人数超过 300 人的研究所，应设置专门的党委办事机构、专职的党办主任或党务主管。专职党务工作人员的编制，一般占党员总数的 0.5% ～ 1%，特殊情况可以适当增加比例。保证专兼职党务工作人员的职级、待遇。”“因党员人数较少、综合设置党委办事机构的基层党委，如只配备兼职党务干部的，也必须以党务工作为主，确保党委的日常工作有人负责、落到实处”。截至目前，中国科学院京区各单位都按照要求分别设置了专门的党委办事机构，配备了专职的党办主任或党务主管。三是拓宽专职党务干部选配渠道。各单位党委拓宽党务干部选配渠道，通过科研人员转岗、管理人员轮岗、面向社会单位招聘、应届毕业生选聘、军转干部转业等渠道选拔热爱党务工作、综合素质高、年富力强和具有一定党务工作经验的干部担任党办主任、党务主管。实践证明，党务工作机构的规范设置和专职党务干部的配备为研究所党建工作提供了强有力的支撑。

◎ 北京分院京区党委举行党风廉政建设责任书签订仪式，京区党委副书记、京区纪委书记倪宏主持仪式

（二）在支部书记选配上严格要求，夯实基层组织基础

党的建设基础在基层，重点在支部。党委决议的贯彻执行、党支部战斗堡垒作用的充分发挥关键在于党支部书记。各单位党委坚持依托科研单元设置党支部，使党的工作紧密围绕科技创新、服务科技创新、促进科技创新。一是针对支部特点明确岗位要求，京区各单位结合科研、管理、支撑、离退休、企业、学生等不同类型党支部的特点，明确了支部书记的任职标准，以进一步提高支部工作的针对性和实效性。二是坚持“支部建在实验室”，推选研究室主任、学科组长等科研骨干兼任党支部书记，使党性观念强、业务水平高、热爱党务工作、有创新意识、有务实作风的党员兼做党务工作，进一步加强了党务和科研工作的密切联系。三是加强岗位锻炼，畅通职业渠道，京区各研究所把党支部书记作为研究所所级党务、行政后备干部培养的重要岗位，让一批后备干部在支部书记岗位上历练。四是把支部工作纳入研究所考核评价体系，细化考核指标，明确评价标准，依托年度党建工作述职评议考核、依据《中国科学院基层党支部工作手

册》，加强对支部工作的督促检查，不断提高支部工作的规范化、标准化。规范支部书记津贴发放，对支部工作做得好的支部书记在年终绩效、职务职称晋升中加大权重，增强支部书记的责任感、荣誉感。

（三）在能力建设上拓展形式，创造条件搭建平台

党务干部是党建工作的规划者、组织者和实施者，提高党务干部队伍整体素质，是加强党的先进性建设和执政能力建设、做好党建工作的重要基础和关键。京区党委、京区各单位党委高度重视党务干部能力建设。一是制定党务干部培训规划。京区党委根据中组部、中央国家机关工作委员会关于加强党务干部队伍建设的相关规定，结合京区实际，及时制定《中国科学院京区党务干部培训规划》，每年制订具体的培训工作计划，分层次、分类别、分阶段推进党务干部培训工作。二是明确党务干部能力构成。党务干部必须具备坚定的政治素质、良好的道德素质、扎实的文化知识、精湛的专业技能、高尚的品格素质、健康的身心素质，特别是服务科技创新、贯彻全面从严治党的能力。三是构建党务干部培训体系。经过多年的实践探索，构建起了“院党组—京区党委—党建协作片—研究所党委”的四层培训体系，形成了党委书记、党办主任、党务主管、支部书记等多层次的品牌班次，组建起了一支以院党组领导、中共中央党校等系统的专家学者、资深党委书记、具有丰富实践经验的基层党务工作者为主体的师资队伍，形成了依托中国科学院党校、中国科学院“求是论坛”、中国干部网络学院、中国科学院继续教育平台，“线上”“线下”有机结合的党务干部培训体系。培训形式既有专题辅导、理论学习，也有现场教学、参观交流、情景模拟等；培训既注重政治素质的锤炼，也注重业务能力的提升。自2007年以来，京区党委、京区各单位党委共组织各类党务干部培训1300余次，参训人员达到20 000余人次。通过上述途径，广大党务干部的政治素质和业务能力明显提高，为做好党建工作奠定了扎实基础。

◎ 中国科学院“求是论坛”

（四）在锻炼干部上下足功夫，敢于加任务压担子

院党组始终坚持“在实践中历练、在历练中成长”的党务干部培养思路，使党务干部能够像习近平总书记要求的那样：平常时候看得出来，关键时刻站得出来，危急关头豁得出来。京区党委、各单位党委在注重培养党务干部的基础上有针对性地重点培养有发展潜力的优秀年轻党务干部，在其思维最活跃、精力最旺盛、创造力最强的时候，多压担子、及时使用、放手使用、大胆使用，使其多经受历练、多积累经验。一是通过党内重大教育实践活动不断锤炼党务干部党性修养。根据中央统一部署，中国科学院党组、京区党委认真组织开展共产党员先进性教育活动、深入学习实践科学发展观活动、“创先争优”活动、党的群众路线教育实践活动、“三严三实”专题教育和“两学一做”学习教育，党务干部在教育实践活动中具体承担了大量、细致的组织工作，在实践中锻炼，在锻炼中收获，在收获中成长。二是通过党务干部与科研管理干部双向交流轮岗不断提升党务干部综合业务能力。各单位党委坚持把党务管理岗位作为锻炼培养干部的重

要岗位，将党务干部与科研管理干部的双向交流纳入研究所干部培养的整体规划，把优秀的科研管理干部交流到党务管理岗位，把经过党务岗位锻炼成熟的干部放到重要岗位使用，使他们提高素质、丰富阅历、施展才华。三是通过多维度挂职交流不断拓宽党务干部视野。京区党委、各单位党委根据实际工作需要和人才培养需求，定期拿出部分重要岗位、互派优秀年轻干部“上下”交流挂职。基层党务干部通过到京区党委挂职，进一步熟悉“面上”的工作，获得了上级部门的政策指导和帮助，拓宽了业务知识面，提高了政策理论水平；京区党委机关党务干部通过到研究所挂职，从具体党务事务中不断“充电”、“补课”、了解研究所工作特点、规律，通过学、听、看，开阔视野、更新观念、更接地气。自 2007 年以来，挂职交流党务干部累计 50 余人次。四是通过“外派”到地方挂职增强“独当一面”的实际能力。部分党务干部通过参加“博士生服务团”、担任驻村“第一书记”，深入地方基层挂职锻炼，充分发挥专业特长，加强历练，经受“摔

◎ 何岩同志为京区首批荣誉党务工作者授牌

打”，理论联系实际的能力、解决实际问题的能力、处置应急突发事件的能力、综合协调能力都得到了很大程度的提高。自 2007 年以来，到地方挂职的党务干部累计 20 余人次。五是借助“启明星”优秀人才计划加强培养优秀青年党务干部。为培育优秀青年管理人才，使其成长为具有良好的政治素养、较强的业务和管理能力，德才兼备的复合型人才，北京分院京区党委自 2013 年起开展了“启明星”优秀人才评选活动，到目前为止，已有 77 名同志获“启明星”优秀人才荣誉称号。入选“启明星”培养计划的部分优秀党务干部，逐步走上所长助理、所长行政助理、纪委副书记等重要管理岗位，其中的佼佼者还成长为所局级领导干部。

（五）在考核激励上健全机制，充分调动党务干部积极性、创造性

落实从严治党要求，重在严格考核问责，使党建工作责任具体化、能落实，确保管党治党事有人干、责有人担。京区党委经过多年实践总结出了“三位一体”的基层党委工作考核评价机制，即年度党建创新奖评选、年度党建述职评议考核、党委届中 / 届满述职考核。一是至今连续 16 年坚

◎ 京区基层单位党委书记向京区党委述职

持开展“党建工作创新奖”评选活动，突出交流评选特点亮点、讲深讲透特色做法，总结推广京区基层党建创新的新鲜经验和做法，对于提升京区党建工作创新水平、锻炼党务干部的创新能力发挥了重要的促进作用，中央国家机关工作委员会对此予以高度评价。二是通过开展年度党建述职评议考核，使各单位党委、党支部认真履行落实全面从严治党职责，通过三级联述联评联考，检查党建工作制度落实情况、党建工作重点任务落实情况、党建日常工作推进情况，督促落实党建工作责任制。三是抓好党委工作考核，京区党委将两年一次的集中考评调整为各单位党委的届中和届满两次考评，考评结果以“红皮书”形式在京区党委年度工作会上反馈给各单位。“三位一体”的考核评价机制，促使党务干部“坚守主阵地，精耕责任田”，在服务科技创新、促进科技创新中建功立业。在强化对党建工作考核“硬约束”的同时，京区党委、各单位党委不断优化党务干部成长的“软环境”，对党务干部政治上充分信任、工作上大力支持、生活上真正关心，为党务干部的进步成长营造良好的环境，切实帮助基层党务干部解决工作中的各种困难和问题，保障党务干部应有的职称、职级和福利待遇；支持和帮助党务干部制订和实施适合本人特点的职业生涯发展计划，促进党务干部的全面发展；建立荣誉制度，对从事党务工作较长时间的党务干部颁发荣誉证书。通过采取暖人心的多种举措，使党务干部有成就感、事业感和归属感，有效激发了他们工作的积极性、创造性。

（六）在把握规律上做好文章，研究探索新情况、新问题

京区党委和京区各单位党委注重在实践中总结、在总结中提高、在提高中深入，积极探索、总结党建工作规律、党务干部培养规律。一是搭建党建研究平台。京区党委作为全国党建研究会科研院所党建研究专业委员会的秘书处，加强与全国各行业科研院所的沟通交流，学习汲取先进经验，拓展了视野领域，就新形势下科研院所党的建设重大问题开展了深入调查研究。中国科学院党建研究会和思想政治工作研究会作为全院组织开展党

的建设理论和实际问题研究的平台，在努力提高党的建设工作科学化水平中积极发挥“思想库”作用，坚持问题导向，先后支持立项150余个课题，并逐步加大研究成果的转化、应用、传播力度。二是围绕科研院所党建工作的热点难点问题，集中精力开展深入调查研究。根据全面从严治党的新要求、结合科技创新的新发展，京区党委、各单位党委围绕“在全面从严治党的背景下如何加强科研院所党的建设”“加强科研院所基层服务型党组织建设”“所长负责制条件下党委的政治核心作用”等重点热点课题开展理论研究。三是组建党建研究队伍。目前，京区党委已经形成了一支包括资深党委书记、优秀党委办公室主任、骨干党务主管在内的党建研究队伍，他们立足本职岗位，结合新形势新热点，积极开展研究，近年来先后获得全国党建研究会、中央国家机关党建研究会等奖励近20项。党建研究工作不仅探索了党建工作的新理念、新思路，也锻炼了党务干部适应新挑战的素质和能力。

经过多年的实践，中国科学院京区党务干部队伍建设进行了成功的探索，取得了丰硕的成果，积累了丰富的经验，但是，也存在一些亟待解决的突出问题。一是面对中央全面从严治党的新任务、新要求，部分党务干部还不同程度地存在着思想认识上不到位、态度上不够坚决、行动上不够积极的问题，进而使中央全面从严治党在基层科研院所的深入贯彻落实受到影响。二是面对我国和世界科学创新发展的新趋势、新态势、新规律、新特点，特别是对于本单位科研工作的实际状况和问题，部分党务干部了解不多、认识较浅，进而难以使本单位党的工作能够更好地围绕中心、服务大局，切实发挥好保障和监督作用。三是与“建设一支政治强、业务精、作风好的党务干部队伍”的目标要求相比，无论是在党务干部的思想教育上，还是在能力培养上，科研院所党务干部队伍建设都还存在着很大的发展空间。在一定程度上，还存在着对科研院所党务干部职业生涯设计关注不够，“天花板”现象凸显，“出口”不畅等现象，导致部分党务干部难以全身心地投入党建工作中。

二、全面从严治党形势下科研院所党务干部队伍建设的新挑战

习近平总书记指出:“各级机关党组织要把建设政治强、业务精、作风好的机关党务干部队伍作为重要任务来抓，配齐配强机关党务干部，通过集中培训、轮岗交流、实践锻炼等途径，帮助党务干部特别是机关党组织书记提高政治素质和业务能力。要关心机关党务干部的成长进步，把机关党务工作作为培养领导人才的重要岗位，注重从优秀年轻干部中选拔党务工作者，加大党务干部与其他岗位干部的交流力度，使机关党务干部队伍始终保持活力。”习近平总书记的指示，不仅对机关党务干部队伍建设提出了要求，也为加强科研院所党务干部队伍建设指明了方向。

（一）从全面从严治党的视角看，“用人”的要求日渐提高

习近平总书记指出，党员干部要“对党忠诚、个人干净、敢于担当”。各级党组织必须严格按照习总书记的要求，切实把建设政治强、业务精、

◎ 京区党务干部“两学一做”学习教育培训班

作风好的党务干部队伍作为重要任务来抓，注重配齐配强党务干部，这当中要明确“齐”是基础，“强”是目标。要严格按照党的十八大以来，中央关于选拔任用干部的一系列新部署、新要求，结合科研院所的实际，选好、用好科研院所党务干部。党务干部首先应该是“讲政治、有信念，讲规矩、有纪律，讲道德、有品行，讲奉献、有作为”的合格党员。同时作为党员干部，要做到“心中有党、心中有民、心中有责、心中有戒”。作为科研院所的党务干部，还必须牢固树立“立党为公，创新为民”的思想。广大党务干部要全面加强学习，提升做实、做好党建工作的能力，创新科研院所党务工作的思路和方法，找准服务科技创新的切入点和着力点，切实发挥好党委的政治核心作用和党支部的战斗堡垒作用，全面提升科研院所党建工作的总体水平。

（二）从党务干部素质的视角看，“育人”的需求更加紧迫

习近平总书记指出，“要关心机关党务干部的成长进步，把机关党务工作作为培养领导人才的重要岗位，注重从优秀年轻干部中选拔党务工作者，加大党务干部与其他岗位干部的交流力度，使机关党务干部队伍始终保持活力”。科研院所党务工作具有很强的政策性、专业性，特别是近几年来，一系列促进科技创新方面政策的出台和更新，对基层党务工作队伍的素质和能力提出了更高的要求。对于一些单位对党务干部提要求多、布置任务多，而帮助党务干部开阔眼界、增长才干、提高综合素质的教育培训措施少，特别是对于现代科研机构管理和运行机制等方面的培训有所欠缺；部分单位对党务干部的知识、能力、素质、结构现状缺乏系统的分析，教育培训缺乏针对性，对不同层次的党务干部教育培训标准、内容没有区别，培训形式主要以传统授课辅导为主，内容单一、形式单调，效果不明显。近年来，一大批20世纪40年代末50年代初期和中期出生的、具有丰富经验的老党委书记相继退休离开科研院所工作岗位，一批院机关干部陆续走上科研院所党委、纪委的领导岗位，约占现任党委书记、副书记、纪委书

记总数的1/3。他们对全院的情况比较了解，视野比较开阔，但他们大部分缺乏党务工作的经验。对这部分党务干部要特别加强党务工作的培训和交流。在全面从严治党的新形势下，如何通过职业生涯设计、培训交流、实践锻炼等途径，帮助党务干部提高政治素质，坚定理想信念，强化服务创新的能力，同时关心党务干部的成长进步，把党务工作作为培养领导人才的重要岗位，是当前科研院所党建工作中亟待解决的问题。

（三）从干部队伍结构的视角看，“管人”的手段亟待创新

京区各单位具有自主的人事权，支部书记、党办主任、党务主管的配置由各单位党委自行决定。各单位党委在思想认识、文化传统、工作习惯等方面的差异，导致各单位在对党务干部的管理上出现千差万别的现象。一些党组织书记不能准确领会科研院所党建工作的定位，“党要管党、从严治党”的意识不强，满足于“应付”上级党组织布置的任务，党建“规定动作”未能严丝合缝，“自选动作”未能推陈出新；个别党务干部工作不得法，在工作中不能严格按照党纪党规进行监督管理，在一定程度上存在着不知道管什么、怎么管和不愿管、不敢管的问题。还有一些单位的党委对党务干部的职业生涯缺乏设计，对党务干部的工作缺乏有效激励，一些单位对党务干部的职业生涯缺乏统筹设计，党务干部转岗和晋升的“出口”不畅通，这也影响到了党务岗位的吸引力和党务干部的积极性。

三、加强和改进科研院所党务干部队伍建设的思路和措施

习近平同志指出：“伟大的斗争，宏伟的事业，需要高素质干部”“要努力形成系统完备、科学规范、有效管用、简便易行的选人用人制度机制”。贯彻落实习总书记指示精神，锻造一支对党忠诚、追求卓越、服务科技的党的事业建设队伍，是不断推进科研院所科技创新治理体系和治理能

力现代化的重要保证。因此，要以创新精神深入探索党务干部的发现、使用、培养、保障、评价机制，逐步形成科学合理的党务干部队伍建设体系。

（一）拓宽选人视野，广开进贤之路，把能力强素质高的干部选任到党务岗位上来

“问渠那得清如许？为有源头活水来”。在选配党务干部时，要通过多种途径选拔出政治素养高、业务能力强、个人修养好的同志加入党务干部队伍中来。一是坚持“五湖四海”发现好干部。要在科研院所中党的工作部门、科研部门、基层支部、重大活动过程中发现热爱党务工作、思想敏锐、具有培养价值的人才，特别要把科研一线能力突出的中青年骨干人员纳入考察视线，以逐步打造懂业务、会研究的党建工作专兼职队伍，不断提升党务干部队伍专业化水平，持续提高党对科技创新工作的领导力、吸引力和推动力。二是坚持近距离常态化考察好干部。要以“信念坚定、为民服务、勤政务实、敢于担当、清正廉洁”为基本考察标准，对纳入考察视野的干部进行日常了解和综合研判，重点观察干部对重大问题的思考以考察其见识见解，观察干部处理复杂问题的过程结果以考察其能力水平，观察干部对待名利的态度以考察其境界格局，观察干部的言行举止以考察其品德素质。三是坚持服务科研导向遴选好干部。要推动科研院所党建工作、科研业务和党务干部队伍建设三者紧密结合，把服务科研业务中心工作作为党务干部工作的根本要求，着力遴选在技术上懂业务、在意识上重服务、在方法上有创新、在责任上能担当的干部进入党务干部行列，使之成为推进科研院所党建事业的核心力量和服务科技创新的动力源泉。

（二）转变用人观念，注重实践锻炼，在实际工作中进一步锤炼党务干部素质能力

“为政之要，莫先于用人。”用好党务干部，充分发挥党务工作者在党建工作中的组织者、推动者和实践者的重要作用，是党务干部队伍建设的

核心目标。用好党务干部，关键是要抓住三个“道”。首先要摸清用人“门道”。一是要敢于启用基本素质好、业务能力强、有开拓进取精神和发展潜力的党务干部，让他们在党建工作中成长起来；二是要大胆把优秀党务干部放到重要岗位、重大活动、重点任务上去磨炼，让他们在实际工作中成熟起来；三是要将工作实绩突出、群众公认的党务干部提拔到重要领导岗位上，激发他们更大的工作信心和热情。其次要拓宽工作“渠道”。一是要提高要求使党务干部精通党务业务知识，能够采取多种形式开展党建工作，在“专”上下功夫；二是要搭建平台使党务干部参与到本单位主流业务工作中，能够将党建工作有机融合到业务工作中共同发展，在“博”上有作为；三是要提供机会使党务干部能够到上级或系统外的党的部门进行历练，进一步开阔视野增长阅历，在“识”上有积累。再次要打通上升“通道”。一是要加大科研系统机关和基层党务干部双向交流任职力度，优化党务干部成长路径，密切机关和基层联系；二是要推进科研系统内部、科研系统与行政系统之间党务干部的外派挂职，丰富履历经历，强化实践锻炼，引进工作方法，提升党建效果；三是要推荐选派表现优秀、能力突出的党务干部转任重点业务岗位，拓宽党务干部事业出口，盘活党务干部人才资源。最后要服务科技“大道”。聚焦创新驱动发展、服务科技工作是科研院所党务工作者的核心使命。要积极研究科研院所党建与科技融合发展的特点规律和方法路径，为科技创新活动提供精准服务；要传承发扬老一辈科学家“家国天下创新为民”的科学情怀，努力构建符合时代特征和人文内涵的现代科学文化学术生态；要积极适应“四个全面”新常态对党建工作的新要求，努力从制度政策层面打破束缚科技发展的藩篱，为出成果、出人才、出思想奠定坚实基础。

（三）创新培育方法，突出品牌建设，多种途径提升党务干部业务能力和综合素质

党务干部的成长离不开各级党组织的精心培养教育。要分类制订党务

干部的培养教育计划，切实提高培养教育的针对性和实效性，努力实现党务干部的“三个转变”：在知识结构上由单一型向复合型转变，在能力素养上由经验型向创新型转变，在本职工作上由粗通型向专家型转变。在上述培养目标要求下，需要坚持平台化培养，丰富培养载体，明确抓手路径，突出品牌建设。一是坚持以培训教育促进能力素质提升。针对不同类别党务干部提供差异化培训教育，以常态化业务教育提升基本能力素质，以时政性专题教育强化把握新形势解决新问题能力，以体验式情感教育感悟老一辈科学家高风亮节，以融入式现场教育坚定服务科技信心决心，努力传承科学文化精神，逐步提升党务工作水平。二是坚持以丰富教育内容提高培训教育效果。要坚持富有特色的培训内容设计，在安排党建业务知识、专题性主题教育的基础上，深入挖掘科研院所的“历史好故事”和“科学新精神”，安排贴近生活贴近自己的社会科学文化知识和具有深厚历史积淀的内容进入培训课堂，以拓宽党务工作者的视野，丰富科学情感，培育创新思维，进一步密切科研院所党建工作与科研业务工作的联系。三是坚持发挥平台化学习教育的综合效应。要积极拓展新兴媒体平台教育功能、促进线上线下学习相融合、专题辅导和自主学习相融合、读书学习和研讨问题相融合，增强培养教育的合力。四是坚持注重培育方式的品牌化建设。要结合自身特色形成意义深刻、形式新颖、效果突出的培训方式，如结合本单位党务工作实际开展的专题论坛、讲座，邀请著名专家学者进行辅导报告，党务干部同科研人员专题交流互动等，坚持围绕创新、服务科技、彰显特色的原则打造具有自身特色的品牌化教育培训方式，提高教育培训的效果。

（四）强化正向激励，加大人文关怀，激发党务干部用心用情干事创业激情和活力

激励机制始终是促进干部干事创业、推动事业发展的有力保障。科研院所党务干部队伍建设应积极运用“海潮效应”，强化正向激励，加大对党务干部在职业发展、物质需要、情感需求等方面的人文关怀，进一步调

动党务干部积极性和创造性，提高为党服务的自觉性和主动性。一是探索开展党务干部职业发展规划，在目标激励上给“动力”。要根据单位工作需要和干部个人实际情况，指导党务干部进行职业生涯发展规划，引导党务干部量体裁衣，在对自我能力进行客观评估和准确定位的基础上制定符合自身职业特点的发展规划；要善于把单位工作需要和个人发展意愿结合起来，根据党务干部职业愿景和履职潜力提供适当平台，使单位发展和个人发展相互促进共同发展；要建立岗位能力测评指标，明确职业目标建议、能力素质要求和个人努力方向，使党务干部能明确发展方向，积累发展能力。二是逐步完善激励体系，在待遇上给“引力”。要深化绩效奖励机制，解决好“干与不干一个样”“干多干少一个样”“干好干坏一个样”的问题；要探索设立基层党建工作岗位特殊津补贴机制，解决党务工作岗位吸引力减弱的问题。三是要建立党务干部身心关爱与荣誉激励机制，在思想激励上给“定力”。要重视对党务干部的人文关怀和情感关怀，在生活上关心、帮助党务干部解决实际问题，去除后顾之忧；在思想上及时了解其精神状态和思想观念，以获得党务干部的情感认同；在价值导向上要提供针对党务干部的表彰奖励项目，使其能够获得职业成就感和价值认同感，以此使党务干部定下身子潜心工作，全面激发党务干部的创造活力和工作潜能。

（五）完善评价体系，强化结果应用，以考核评价激励促进党务干部成长发展

科学合理的考核评价体系是激发干部干事创业的强大动力。发挥好考核评价的效力，激励党务干部队伍建设上水平上层次，必须做好三个“准”。一是要科学设置评价指标，把标尺“定准”。要针对机关和基层党建工作重点和党务岗位特点，分别制定差异化、个性化的评价指标和考核内容，分类设置不同评价要素权重，明确提出定性和定量标准，要统筹党建重点任务和日常工作，加大重点工作指标权重，保证重点工作顺利推进；要设置党

建服务创新的要素标准，引导党务干部聚焦科技创新干事创业；要借鉴其他领域经验建立健全党务工作专业技术评定，通过专业技术职称评定使党务干部享受到与其工作年限和工作付出相对等的待遇。二是要精准化考评，把实绩“量准”。要将上级考评与基层参与相结合，提高考核工作透明度和参与度；要将分类考核与目标考核相结合，增强评价的科学性；要将年终考评与日常考评相结合，形成评价工作的不断线；通过全方位、立体式的综合考评，不断丰富党务干部工作业绩评价方式，达到精准化考评的目的。三是要正确运用考核结果，把结果“用准”。要制定考核结果应用规范，明确考核结果适用的范围、形式和效力，使考核结果成为显性的导向指标；要把考评结果与表彰奖励挂钩，与单位部门建设状况挂钩，与推动改进党建工作挂钩，与党务干部年终绩效挂钩，与干部提拔使用挂钩，积极运用考评结果激励党务干部；要建立以考核结果为评价的荣誉激励机制，为在服务科技工作中有责任、能担当的优秀党务干部提供更好的职业发展空间，使考核评价真正成为推动党务干部干事创业、激励前行的动力源。

课题组
顾　问：沈　颖　项国英
组　长：王秀琴
成　员：蔡晨曦　贾宝余　马　强　刘宏伟　杨建祖

深化机关作风建设　提升管理服务效能

▸▸ 中共中国科学院院部机关委员会

引　言

中共中国科学院院部机关委员会（以下简称“机关党委”）紧紧围绕机关中心任务开展工作，着眼机关党员思想实际和工作特点，下大力抓好作风建设，实现了作风建设制度化、规范化、常态化。在贯彻落实上级部署、开展群众路线教育、“三严三实”和“两学一做”等活动中，既完成好“规定动作”，又策划了一系列“自选动作”，突出问题抓落实，改进作风见实效，全面提升了机关党建工作水平，在全院机关党建工作中发挥了示范作用。

一、工作背景

院部机关是中国科学院全院科技创新的指挥中枢和管理与服务中心。机关党委是在院党组和京区党委领导下的基层党组织，是中国科学院院部机关党建工作的领导机关。机关党委贯彻落实全面从严治党要求，以《中国共产党党和国家机关基层组织工作条例》为基本遵循，始终围绕“服务中心、建设队伍”两大核心任务，践行习总书记关于机关党建工作要“走在前，作表率”的要求，持续推进机关作风建设，不断提高机关管理与服务水平，为全院科技创新提供强有力的思想和组织保障。

机关党委自成立以来，通过建立党委委员联系支部制度、党务联络员制度，使党建大事有人想，具体工作有人抓，从组织架构上做到了党政一盘棋，加强党群共建，调动群团组织活力，培育健康和谐、团结奋进的机关文化。形成了机关党委和机关工作领导小组协同工作机制，加强机关党委与人事局工作协同，以作风建设为抓手，加强机关队伍建设，推进机关中心工作，努力做到作风建设与机关管理服务相融合、组织建设与机关队伍建设相融合、思想教育与机关职工培训相融合，有力地发挥了机关党建的服务保障作用，使党建工作和机关管理工作相融合、两促进、同提高。通过建立健全机关党建工作责任制，形成机关党委统一领导，机关党委书记负总责，机关党委成员分工负责，各党支部（党总支）书记“一岗双责”，一级抓一级，层层抓落实的党建工作格局。近年来，在京区党委的正确领导下，机关党委按照院党组的要求和京区党委的部署，紧密结合机关实际，制订各年度党建重点工作任务实施方案和工作计划，将上级党组织的要求不折不扣地落实到位、不走过场，将落实党建重点工作任务与服务中心、建设队伍、推动发展有机融合，将着力点放在不断加强和改进机关作风建设、提升机关管理效能和服务水平上。

机关党委的做法得到了上级党组织、院属单位和机关广大党员群众的认可和肯定，也涌现出一批先进典型，获得了一系列荣誉。比如，钟炳昌、钟琪、柏学燕三位同志获得 2011 年中国科学院优秀共产党员称号，欧龙新同志获得 2011 年中国科学院优秀党务工作者称号；机关党委在京区“党建工作创新奖”评选中，2012 年获二等奖，2015 年获一等奖；科发局党支部被评为 2014 年度中央国家机关党支部践行群众路线服务民生工作典型；人事局党支部当选 2015 年度京区“聚焦献力”活动先进基层党组织，当选

2016年中国科学院先进基层党组织；办公厅杨英魁同志当选2015年度京区“聚焦献力”优秀共产党员，当选2016年中国科学院优秀共产党员；机关工会获2014年度京区单位工会工作二等奖、2015年度全院运动会最佳组织奖；机关团委获2015年度中央国家机关“最具活力团支部”称号；机关妇委会2015年有两篇家庭助廉作品获得中央国家机关的奖项。

二、党建工作创新的特色做法

机关党委始终紧密围绕机关中心任务，坚持问题导向，始终将机关作风建设作为机关党建工作的重要任务，坚持作风建设制度化、规范化、常态化。在贯彻落实上级党组织部署的党建重点任务过程中，结合机关实际精心组织策划了一系列“自选动作”，突出问题抓落实，改进作风见实效。

（一）在机关管理改革中发挥团结队伍、凝聚人心的作用

2013年，中国科学院启动机关管理改革，同年党中央部署启动党的群众路线教育实践活动。机关党委及时印发了《院机关开展党的群众路线教育实践活动工作计划》，明确目标、任务、时间节点，组织推进落实，紧密围绕“推进机关改革”和“改进工作作风”两大主线，通过“边学边改，边查边改，建章立制”，压茬推进“三个环节”的工作，聚焦解决机关“四风”问题，着力在机关管理改革中发挥团结队伍、凝聚人心的作用。一方面，使机关工作人员的群众观念显著增强，工作作风明显改善；另一方面，使机关改革实现平稳过渡、工作效率有所提升，实现了教育实践活动与机关中心工作的“两结合，双促进”。

1. 加强支部建设，发挥支部战斗堡垒作用

在机关改革的过程中，有的部门重组，有的部门被撤销，重新组建的部门，特别是几个业务局，无论从工作职能上还是工作内容上，都发生了很大的调整和变化，机关400多名在职职工也面临着应对新环境、新岗位、

新领导、新同事以及全新工作内容的巨大挑战。

针对可能产生的人心不稳、团队融合不顺导致管理效能低下的问题，机关党委立即召开机关党委会议，决定在机关改革后的第一时间，立即帮助机关各部门，特别是新组建的部门成立新的党支部，通过党支部做好党员和职工的思想政治工作，凝聚和稳定人心，极大地缩短了新组建部门内部的人员融合时间。

机关党委从四个方面调动支部活力：一是推行工作计划和预算制度，要求各党支部结合党委工作要点和部门中心工作，制订党建工作计划，使党建工作与行政工作紧密结合。党委也根据支部工作计划，对党委工作安排进行适当调整，使党建工作成为“一盘棋”。二是为支部分配工作经费，并授权支部独立管理，使支部组织党建工作更灵活、更方便。机关党委则加强指导、服务和协调，托住支部活动费使用底线，保证经费合法合规使用。三是加强对支部工作的指导，组织多次党务联络员、宣传委员、组织委员培训，分层次、有重点地进行党务骨干培训，加强党务骨干队伍建设，提升他们的业务素质和能力；帮助党支部梳理工作、总结经验，申报中央和京区党建工作奖项。科发局党支部报送的“科技创新支撑农业发展”典型工作案例获得“中央国家机关党支部践行群众路线服务民生工作典型”称号。重大任务局党支部也在协作二片党建创新奖评选中名列前茅。四是努力推动支部交流，促进工作经验共享，先后3次邀请10个支部进行了正式交流，组织党务骨干参观了科发局文化展览、人事局图书角、北京分院图书室以及机关工会活动室等。

通过机关党委和各党支部的共同努力，机关基层支部工作活力初现，大部分支部形成了特色工作，创立了品牌活动，提升了机关党建工作的整体水平。在各部门局班子的支持下，支部班子充分发挥战斗堡垒作用，纷纷通过举办团队拓展训练、职业化专题报告、DISC个性测验讲座、压力管理专题讲座等举措，针对团队熔炼、加强思想交流等方面组织了一系列卓有成效的活动，取得了很好的效果，有效地加强了局内队伍建设，提升了组织凝聚力和向心力。

2. 加强学习教育，广泛听取意见

机关党委发挥核心引领作用，组织了一批覆盖面广、水平高的学习活动，帮助机关职工了解党的教育实践活动的要求和工作重点，深入理解群众路线的精髓。

机关党委组织了两次党委中心组学习，邀请中央党校党史教研部主任柳建辉教授作题为《群众路线教育实践活动基本要求和工作重点》的辅导报告，组织副处级以上领导干部参加了京区党委主办的专题讲座；开辟了“党的群众路线学习专题”网站，发布各类学习资料 200 余件，各类宣传稿件 240 余篇，为广大党员职工学习群众路线、践行群众路线提供了学习和交流的平台，反映了机关教育实践活动的进展，营造了学习有关精神、践行群众路线的浓厚氛围。

机关党委部署并推动各部门、各党支部开门搞活动，紧密围绕“四风”问题和机关改革，分别召开了 40 余场“深化改革、转变作风”座谈会；办公厅、学部工作局、前沿科学与教育局、重大科技任务局、科技促进发展局、发展规划局、人事局、国际合作局、北京分院、监督与审计局等部门还组织了赴京区协作片和基层研究所的调研活动，传播局与有关职能局、研究院所密切协作，先后组织 5 期“走进中国科学院 · 记者暑期行”活动。通过座谈会和基层调研，各部门共收集到意见与建议 1800 余条。

3. 深入查摆问题，开展批评和自我批评

机关党委以建设“为民务实清廉”的院机关为要求，结合基层意见，聚焦“四风”问题，组织各部门开展了“三对照、三检查”活动，共查摆出领导班子需要改进的问题 90 个，各领导班子成员（40 位局级领导干部）需要改进的“四风”问题 229 个。办公厅、条件保障与财务局和机关纪委分别针对三公经费、会风文风、“小金库”以及吃拿卡要等违法违纪问题开展了专项整治。

在认真做好对照检查的基础上，各部门领导班子认真制订了民主生活会方案，班子成员之间进行了深入的谈心交心。领导班子和成员都按照中央要求认真撰写了对照检查材料。

4. 积极整改落实、建章立制

机关党委推进机关改革和解决"四风"问题，成效显著，具体包括：

（1）职能和制度清理工作初见成效。编写印发了《中国科学院机关职能与流程》，制定了《中国科学院非常设机构管理办法》，开展非常设机构清理，使机关非常设机构从41个减少到25个。梳理335项制度，修订了102项，废止了29项，新增了24项。专项整治活动取得成效。各类会议、文件和内部刊物都得到精简，"三公"经费也得到压缩。

（2）加强了岗位聘用管理和干部交流。严格执行院机关处级及以下干部挂职管理办法，从制度和执行两个层面推进院所干部交流、加强机关队伍建设。

（3）建立了跨部门的协调沟通机制。按照一件事一个部门负责的原则，建立了院领导之间、业务局之间、业务局与综合管理局之间、综合管理局之间四种沟通协调机制，加强了与基层研究所的沟通联络，减少了对研究所部署工作方面的重叠与交叉。

（4）建立健全了作风建设长效机制。制定完善机关作风建设三项制度，包括《中国科学院机关工作人员"十不准"》《中国科学院机关"首问责任制"》和《中国科学院机关工作人员"十做到"》，完善基于"机关工作意见箱"的意见反馈机制和意见督办责任人制度。

5. 加强人文关爱，创建和谐机关文化

2013年，机关党委印发《关于开展"帮扶送暖人心"活动的指导意见》，提出14项举措，建立对机关在职职工和离退休老同志的关心关怀和帮扶机制，并调动工青妇组织和离退休党总支分工负责落实相关工作。

机关工会每年为全体在职职工购买大病保险，每两年组织一次50岁以上职工的胃肠镜检查，开通“健康助手”平台、帮助职工查询和预约挂号，办理中关村医院就诊绿色通道，暑期组织优秀职工疗休养等。机关团委积极组织“微服务”“薪火行动”等青年志愿者活动，关心关爱在职职工和离退休老干部。妇委会为女职工购买女性特疾保险，组织女性专项体检，开展结婚生子亲情慰问活动，营造了浓浓的和谐氛围。

通过党委与工青妇组织协同开展关心关爱职工活动，党组织的凝聚力得到进一步增强，逐渐形成了团结奋进、温馨和谐的机关文化氛围。

（二）着力解决“不严不实”问题，推进机关管理水平再上新台阶

2015年，中央在县处级以上领导干部中开展“三严三实”专题教育活动，如何采取有效措施确保专题教育取得实效、不走过场，是每个基层党委面临的重要课题。机关党委努力践行机关党的工作要“走在前、做表率”的要求，针对机关特点，在“三严三实”专题教育活动中，找准切入点和突破口，坚持问题导向，抓住关键环节，着力解决机关作风中存在的“不严不实”问题，取得了实效。

1. 加强党性教育，启发党员自觉

机关党委将加强党性教育作为专题教育的首要任务。

（1）要求领导干部带头学。党员局长和支部书记以上率下带头学，并在本部门内讲专题党课。副处以上领导干部参加白春礼、何岩、李和风同志的专题党课，深刻领会专题教育的内涵和要求，认真践行“三严三实”。

（2）突出学习重点。强调专题教育要围绕增强党性修养，增强守纪律、讲规矩的意识。要求各支部组织学习《中国共产党章程》《中国共产党廉洁自律准则》和《中国共产党纪律处分条例》等党内法规，学习习近平系列讲话精神、“五个必须”的要求等。

（3）以考促学见成效。组织“学党章增党性”网络问答，自制题库，涵盖近200个知识点，随机抽题组卷。在职党员341人参加考试，院领导

◎ 党员宣誓现场

作为普通党员参加考试，95% 的答题者得分超过 90 分。开展“守纪律讲规矩”知识竞赛，激发了支部的积极性，调动了党员的主动性。有的支部组织预赛，有的支部成立学习互助小组，掀起了比学赶帮超的热潮，机关 13 个支部 52 名选手在竞赛中展示出扎实的学习效果。

2. 强化问题导向，深入改进作风

机关党委通过逐步推进、层层深入找问题，引导党员干部逐渐加深对专题教育的理解，解决“不严不实”问题。

（1）结合案例“自己找问题”。机关党委向各支部征集了“三严三实”典型案例 38 个。经过归纳共性问题，形成《机关“不严不实”典型案例》，分 4 方面 13 类问题向支部反馈。要求各支部组织副处以上党员干部对照检查。

（2）专题党课“帮你找问题”。机关党委书记李和风为副处以上干部讲党课，列举了机关四大类、18 个“不严不实”案例，如“责任心去哪儿了？”“心中有基层吗？”……通过诘问的形式令大家深受触动，启发自觉查摆问题的意识。17 位党员局长和支部书记在本部门讲党课，贴近实际、切中要害，促进党员干部深刻反思和整改。

（3）组织生活会“解决问题”。各支部召开组织生活会，继续深入查找问题。副处以上党员干部均形成了个人“不严不实”问题清单及整改措施。各部门经过深入总结，查找部门“不严不实”问题共104个，并制定整改措施，明确负责处室和负责人。

2016年，结合开展“两学一做”学习教育活动，要求各党支部对照在“三严三实”专题教育中的整改清单，认真自查整改举措落实情况，进一步查摆是否有没有整改到位的问题，或者是否产生了新的需要整改的问题，进一步将整改真真正正落到实处、不走过场。

3. 结合评议考核，深化专题教育

机关党委结合党建述职评议考核，检查支部和党员在专题教育中的表现。

（1）狠抓督促检查。机关党委要求各党支部制订本部门“三严三实”实施方案，并分别走访14个支部进行全面检查。制作支部党建工作调研表，重点检查“三严三实”专题教育开展情况，内容涉及党员教育、党内政治生活、作风建设等11个方面27项内容。通过检查，全面掌握各支部落实党建责任、“三会一课”、民主生活会，以及《基层党支部工作手册》使用等情况，促进各支部发挥战斗堡垒作用，并对发现问题及时整改。

（2）重在落实支部书记党建责任。要求支部书记以第一人称分别向机关党委和支部党员进行述职，评议内容聚焦党建责任和“三严三实”专题教育，包括“落实贯彻中央决策部署、落实上级党组织要求情况”“在服务中心工作中发挥党组织和党员作用”“推进作风建设情况”等。

（3）强化党性修养和“四个自觉”。将党员的党性修养和“四个自觉”，即自觉遵守纪律、讲规矩，自觉履行党员义务，自觉维护党的形象，自觉发挥表率作用落实在年度党员评议中，内容包括：加强党性修养、履行党员义务、发挥党员作用；对党忠诚，思想上、政治上、行动上同党中央保持一致情况；参加党内政治生活和组织生活情况；遵守社会公德、职业道

德、家庭美德情况；遵纪守法、廉洁自律情况等。

通过坚持问题导向，抓住关键环节，聚焦解决“不严不实”问题，机关党委将开展“三严三实”专题教育与机关作风建设紧密结合，进一步促进了机关工作人员服务意识和服务水平的提升。

三、党建创新的主要成效

几年来，机关党委坚持求真务实，不断开拓创新，充分发挥机关党建的政治优势和组织优势，紧扣机关作风的突出问题，采取一系列措施，坚持常抓不懈、久久为功，有效改进机关作风，加强机关队伍建设，在基层党建工作中走在前、做表率，发挥了示范引领和带动作用，取得了明显成效。

1. 机关工作人员的工作状态和精神面貌明显改善，工作效能显著提升

通过2011年的先进人物评选表彰、2012年的公开承诺等活动，激励基层党组织和广大党员履职尽责创先进、立足岗位争优秀，切实改进工作作风，促进机关中心工作高效、有序地开展。2013年推行首问责任制以来，显著提高了机关职工服务基层的意识，初步解决了以往存在的“门难进、脸难看、事难办”的问题。2016年，机关党委会同机关人事部门建立并推进符合机关工作特点的职工绩效管理制度，强化履职意识，充分调动职工的工作积极性，进一步提高了工作效率和管理水平。

◎ 机关党委庆祝建党90周年暨创先争优表彰大会

2. 领导干部的率先垂范意识进一步加强，带动普通党员共同提高

2015 年在机关开展“三严三实”专题教育中，机关党委就要求领导干部要带头学、主动在部门内部讲党课、带头查找“不严不实”问题。2016 年在开展“两学一做”学习教育中，机关党委严格落实党员领导干部双重组织生活制度，以普通党员身份融入支部参加学习研讨，以上率下认真讲好专题党课。在领导干部的带动下，广大普通党员进一步深化学习，以学促行、知行合一，做合格共产党员，为我院改革发展、实现“四个率先”贡献力量。

3. 机关管理更加规范、各项制度不断完善

2012 年，机关党委开始进行职能和制度清理，共清理工作事项 356 项、清理工作界面 8 个、下放职能 15 项、简化工作流程 5 项，绘制了 346 幅工作流程图。在 2013 年开展党的群众路线教育实践活动中，机关党委要求各部门开展工作制度梳理工作，推进制度的完善、修订与落实。在集中梳理 335 项制度的基础上，2016 年，机关党委进一步组织各部门梳理工作制度以及政策文件，建立工作制度执行与完善情况的年度报告机制，保证制度有效地执行与落实，及时修订和清理制度文件，建立制度评价反馈机制。同时进一步清理职能，理顺关系，制定机关“放管服”工作清单，提出推动改革发展重要工作的有效方法和举措。

4. 营造温馨和谐的机关文化氛围

机关党委始终坚持“党建带群建”的原则，加强对群团组织的指导和支持力度，引导群团组织独立开展工作。在机关党委领导下，群团组织围绕党委中心任务，努力发挥桥梁纽带作用，独立开展了丰富多彩的文化活动，促进了机关部门和职工交流，营造了健康向上、温馨和谐的机关文化氛围。

四、推进党建创新的启示

机关党委多年来坚持党建创新取得了一定的成绩，这些成绩的取得主要得益于以下几点。

（一）落实党建任务要紧密与中心工作相结合

机关各部门职能各异，工作相对独立。机关党委推动支部党建工作任务必须要与部门的中心工作紧密结合。只有二者紧密结合，才能做到“严”与“实”，否则机关党建工作就会既“空”又“虚”。

（二）注重整体策划，强化执行和检查，善始善终、善做善成

机关党委开展各项党建活动、落实各项党建重点工作任务时，必须在“顶层设计”环节将功夫做足，将策划、执行、落实、检查贯穿始终，引导支部结合中心工作做好各项党建重点工作任务的执行和落实。此外，机关党委还注重经常性地深入各支部进行检查调研，全面了解情况和困难并加强指导，同时也能有效提高支部的重视程度，有效推动机关党建工作顺利开展。

（三）加强党政协同，领导干部做表率

无论是2015年的“三严三实”专题教育，还是2016年的“两学一做”学习教育，机关党委都注重抓书记，还抓部门领导班子，注重发挥领导班子的作用。机关党委要求党员局长带头讲党课，领导干部带头剖析查找问题等，这些举措对推动开展各项学习教育和整改问题起了重要作用。

（四）坚持问题导向，聚焦解决党性意识和党建责任问题

机关党委在历次落实党建重点任务过程中，始终坚持问题导向，聚焦解决党员党性意识问题、机关作风问题和机关服务意识问题，找到差距，整改落实，把作风建设作为长期任务来抓，久久为功，以解决问题的成果来检验开展各项学习教育的成效。

作风建设永远在路上，机关党委今后将继续按照中央全面从严治党的要求，认真落实党建主体责任，继续深化机关作风建设，努力促进机关党建工作迈上新台阶。

（撰稿人：李和风　陈　光　刘京红　郝　帅）

中共中国科学院院部机关委员会简介

院部机关共设有 13 个部门，分别是办公厅、学部工作局、前沿科学与教育局、重大科技任务局、科技促进发展局、发展规划局、条件保障与财务局、人事局、国际合作局、科学传播局、监督与审计局、京区党委（北京分院）、离退休干部工作局。此外，中央纪委驻中国科学院纪检组为中央纪委派驻机构。截至 2016 年 10 月 1 日，院机关共有在职职工 485 人。

本届机关党委于 2016 年 6 月成立。截至 2016 年 10 月 1 日，机关共有党员 960 名，其中在职职工党员 416 名。下设党支部 15 个（含 2 个党总支），其中在职党支部 14 个，离退休党总支 1 个。

践行“两学一做” 确保“天宫二号”空间实验室应用任务发射成功

▶▶ 中国科学院空间应用工程与技术中心

引 言

中国科学院空间应用工程与技术中心（以下简称“空间应用中心”）是代表中国科学院承担我国载人航天工程空间应用系统任务的唯一总体单位。近年来，空间应用中心多次派出试验队，组织院内外多家单位科研人员，长时间驻扎京外航天发射基地。

2016年，经中国科学院京区党委批准，空间应用系统发射场试验队临时党委成立。临时党委面对单位众多、人员陌生、任务艰巨等困难和挑战，勇于担当，主动作为，组织带领党员认真践行“两学一做”，以学促做，党组织发挥了政治核心和战斗堡垒作用，广大党员发挥了先锋模范作用，确保了空间应用系统“天宫二号”空间实验室测试发射任务圆满完成，为实现“航天梦”、助力“中国梦”做出了重要贡献。同时，在实践中探索出担负重大任务的临时党组织建设的成功做法和有益经验。

一、立足重大需求，强化使命担当

2016年9月15日22时04分，“长征二号”火箭搭载“天宫二号”空间实验室在酒泉卫星中心成功发射升空。“天宫二号”是中国载人航天工程第一个真正意义上的空间实验室，是空间应用系统第九次执行载人航天飞行试验任务。本次任务包括宽波段成像光谱仪、三维成像微波高度计、紫外临边成像仪、空间冷原子钟、伽马暴偏振探测仪、空间材料生长实验、高等植物培养实验、液桥热毛细对流实验、空间环境监测实验、空地量子密钥分配试验、伴随卫星飞行试验等10多个应用项目，是空间应用系统历次任务中应用项目最多、参研单位最多、参研人数最多的一次任务，充分体现了中国科学院作为科技国家队的雄厚的综合学科优势和强大的科技创新能力。

（一）以军令状明确党建目标

临时党委成立之初，空间应用中心党委向临时党委下达了确保“党的组织不散、党员作用不减、党的工作不断”的军令状，要求临时党委充分发挥政治核心和监督保证作用。京区党委、空间应用中心党委于任务准备

◎“天宫二号”发射场试验队全体队员

◎ 相里斌副院长为“天宫二号”发射场试验队授旗

期间，专程赴基地指导工作。

“天宫二号”空间实验室发射期间，由空间应用中心作为总体，组织了17家院内外单位，包括50余名党员在内，共130余名科技工作者组成了发射场试验队，驻扎酒泉基地，历时80余天。临时党委先后参与了多项仪式和活动，如进场前的试验队誓师动员大会、授旗仪式、出征仪式，临发射前的相里斌副院长战前动员、发射当天全体队员向党旗宣誓等，这些活动有效提升了试验队员报效党和国家，强化责任担当的责任意识和使命意识。

（二）以爱国主义情怀激发斗志

酒泉卫星发射中心是中国航天事业的开创之地。临时党委将丰富的基地爱国主义教育资源作为第一手资料，用老一辈航天人“爱国奉献”的思想情操鼓舞激励队员。临时党委精心策划了“踏先辈足迹，探航天征程”系列主题活动，通过瞻仰航天城东风革命烈士陵园、拜谒聂荣臻元帅墓碑、参观第一颗卫星发射基地和发射场垂直总装测试厂房、观摩基地官兵修建的东风水库等活动贯穿整个任务时间，持续有效地激发了全体试验队员的爱国情怀和工作斗志。

二、支部建在分队，发挥组织优势

（一）以工程管理思维促进党建创新

临时党委活学活用毛泽东同志“支部建在连队上”的治军经验，采用“支部建在分队上”的工作模式，发挥党支部的战斗堡垒作用。临时党委书记由中心党委委员、主管副总师（兼总质量师）吕从民担任，党委委员由来自不同单位的负责总体质量、调度、分系统技术负责人共 5 人组成。根据空间应用系统参试队伍按应用领域划分和项目多批次进场、换班的特点，临时党委下以分队为单位设立了 4 个临时党支部。

临时党委遵从工程管理实际，采用工程思维将党建工作融入型号任务中，工作呈现出“工作全覆盖，时间早介入，形式谋创新，内容添活力”的特点。一是按任务阶段调整支部。发射场试验队人员来自院内外 17 个单位，与一般单位人员相对固定不同，人员按任务阶段变化较大。临时党委针对特点，组织了两次支部换届选举。二是以多种形式组织学习。建立了全体试验队员“天宫二号”“光荣与梦想”微信群、临时党委、各支部支委微信群，及时了解分享试验队员思想动态，推送学习内容；在发射场现场布设了党建宣传栏，及时展示党员、试验队队员风采。

（二）以严格组织生活增强党性修养

酒泉卫星发射中心位于荒漠之中，环境较为封闭，条件非常艰苦，100 多人离家奔赴远方，工作生活以及衣食住行发生了较大改变。临时党委通过多种组织形式，强化党员带头落实试验发射任务“严慎细实”的工作作风，努力确保每一个试验队员遇到困难之时不慌，思乡之情不乱，团结协作之心不减。一是严格落实常规学习计划，强化党员意识。临时党委将思想政治工作融于试验任务和后勤管理生活服务之中，将支部会议定期穿插在班前会、班后会前后，认真开展学习研讨。二是精心组织专题学习课程，提升党性修养。通过观看航天科技发展专题纪录片、分批参观航天纪念馆了解航天科技发展历程。三是积极策划集体活动，增强团队意识。如试验队后勤组建设了小图书馆，组织羽毛球、足球比赛，组织东风湖“乐跑”、采摘、爬山、手机摄影比赛等。

三、践行“两学一做”，促进知行合一

白春礼院长对空间应用系统作出重要指示，要求充分发挥党建工作优良传统，坚持党建和业务工作双促进。临时党委的核心任务就是要将来自不同部门单位、不同文化背景（包括两名外国专家）的参试人员组织凝聚起一支坚强的战斗队伍，确保试验任务的圆满完成。相里斌副院长也两次强调发射场要扎实做好“两学一做”工作，发挥党员同志的先锋模范作用。

◎ 白春礼院长慰问试验队员

（一）以学思践悟促党员不忘初心

任务期间，酒泉基地试验队与北京的“两学一做”学习教育活动保持同步学习、同步研讨、同步践行。两地通过北京—酒泉专网传送学习材料，

四个党支部全体党员认真学习习总书记系列重要讲话精神，特别是习总书记视察中国科学院的重要指示精神，观看空间应用中心党委“两学一做”专题党课PPT课件，撰写学习心得。各支部开展“两学一做”学习教育，使党的路线、理论在分队落地生根，使党员同志不忘初心，奋勇拼搏。

学思践悟落脚点是实践，共产党员在发射场是一面面移动的“旗帜”，他们带头连续十几个小时寸步不离工作间测试试验，带头连续几个月不回家。在临时党委大力宣传下，共产党员以坚实党性、浩然正气凝聚党员群众的向心力，为集体攻关、分工协作提供组织和思想保证。党委委员、总体调度戴小俊进场时恰逢家中刚满月的幼子患肺炎住院，依然克服困难挺进发射场。共产党员、总体技术骨干刘洋从6月27日进发射场直至发射，一次未回京。质量主管赵云霞全程奋战发射场，连续两个多月奋战在发射场，一次没回京，其间高烧39℃，坚持工作，任劳任怨，家中3岁幼女高烧，家属怕影响工作，没有告诉她本人，孩子病好了跟她通话时说漏了嘴，她才知道。

（二）以做“四讲四有”标杆为党旗增光添彩

“不忘初心，继续前进”，这是习总书记对全国8900万党员提出的时代号召和殷切希望。试验队是一个党员占较大比例的坚强的战斗集体。在任务期间，临时党委的工作围绕中心，以“四讲四有”为合格党员的标杆，强化党员同志“讲奉献、有作为”的优秀品格，要求党员同志带头以实际行动表达对党忠诚。

进场前，由于研制和测试工作非常扎实，产品质量可靠，进场后工作比较顺利。但是9002厂房电测期间，高度计分系统的频综器出现异常，为了不影响“天宫二号”发射主流程，共产党员、中国载人航天工程空间应用系统总指挥高铭同志，总设计师赵光恒同志，主管副总设计师吕从民同志及时研究部署，共产党员顾逸东院士亲自把关。总体、分系统相关技术和管理人员从8月10日发现问题后就开始不眠不休对问题进行分析、排查。拆下设备后，临时党委委员邓晓梅和业务骨干李峰主动请缨，与研制单位人员一同乘坐大巴、火车、飞机日夜兼程护送故障产品回南京的研制单位进行故障排查和返修。抵达南京后一刻不停开始故障排查。急战六天五夜，将故障产品修复并完成相关工作。从南京返回北京时已经是深夜，两位同志都没有来得及跟家人说上几句话，第二天一早就迅速乘飞机返回发射场。邓晓梅孩子五岁，每次离开北京返回发射场，她都要编故事哄孩子放手；李峰家中幼子刚出生，返回家时看到孩子忍不住偷偷掉眼泪。

（三）以传承航天精神凝练工程总体文化

传承航天精神，强化团队凝聚力，是临时党委工作的落脚点。临时党委秉承空间应用中心党委的一贯工作宗旨，充分发挥文化建设在党建工作创新的优势，从凝聚人心、温暖人心入手，不断深化和凝练富有中心特色的工程总体文化，促进协同合作、集体奉献，共同奋斗。“七一”期间，临时党委组织了征文活动。有的党员同志这样写道：“东风陵园安静肃穆，苍松翠柏林立，同聂帅一起，600余名航天人长眠于此。热血洒边关，忠骨埋戈壁，正是这样牺牲和执着，才成就了中国一代又一代人的航天梦，我一直感受着这样的力量！”这样的教育和形式，使“两弹一星”精神和“四个特别”的载人航天精神直撼人心，把做“两弹一星”的实践者、继承者变成了每个试验队员的实际行动。

一人一物垒不出“堡垒”，党员群众抱团发力，才能集腋成裘、聚沙成塔。航天工程是集体工程，最讲协同合作，这与党的组织工作高度契合。试验队的工作作风充分折射出了空间应用总体部20余年积淀的旗舰文化和领航者精神。空间应用中心是空间应用系统组成的联合舰队的旗舰，试验队要在酒泉卫星发射中心发挥系统指挥中心、保障中心、信息中心和应急响应中心作用。党员同志要带头践行中心提出的“领航者”角色，发挥先锋模范作用。

从6月下旬至9月中旬，酒泉发射中心应用系统试验队临时党委已圆满完成使命，后续在轨飞行任务主要由北京试验队承担。目前，在轨测试工作顺利，有效载荷工作正常，已取得初步结果。9月27日，白春礼院长、相里斌副院长专程现场视察并给予高度评价，对后续工作提出明确要求。白春礼院长专门题词：探索空间科学世界，引领空间应用发展，实现科技强国之梦！中心党委将继续以“两学一做”学习教育为抓手，认真学习白院长指示要求，引导广大党员将学习成果转化为工作动力，为顺利完成“天宫二号”与“神舟十一号”飞船交会对接和空间实验室在轨运行工作，获取重要的科学与应用成果，加倍努力，再做贡献。

（撰稿人：刘树军　吕从民　邓晓梅　杨　吉　刘伟伟）

中国科学院空间应用工程与技术中心简介

空间应用中心是中国科学院唯一一家以组织完成国家重大科技专项工程任务而建立的研究所，代表中国科学院牵头负责载人航天等重大科技工程空间应用系统方面的总体管理和技术集成工作，具体包括空间科学及应用战略研究、空间应用任务组织实施、总体技术支持支撑、科学成果产出及推广等，同时对中国科学院承担的载人航天工程各大系统协助配套任务进行协助管理。

中心设立系统工程部、专业技术部、战略发展部、可靠性保障中心4个科研及任务支撑部门。中心目前建有1个中国科学院重点实验室：太空应用重点实验室，与国防科技大学建立复杂系统先进综合保障技术联合实验室，与北京航空航天大学建立元器件质量保证卓越联合实验室，与广州五所建立元器件质量保证联合实验室，与重庆绿色智能研究院建立太空智能制造技术创新中心。

中心共有在职职工 360 人，其中党员 209 人，下设 12 个党支部。

立足所史所情　抓好理想信念教育

▸▸ 中国科学院力学研究所

引　言

重视思想建设是党的优良传统，理想信念教育是思想建设的核心和灵魂。理想信念是世界观、人生观、价值观的集中体现，包括远大理想、共同目标和现实目标。中国科学院力学研究所（以下简称“力学所”）党委紧密结合力学所的所史所情，充分考虑科研人员的特点，找准理想信念教育现实目标的支点，以钱学森、郭永怀、郑哲敏等科学大家的工程科学思想为核心，以“实、新、专、常、深”为工作思路，通过坚持开展行之有效的教育活动，有针对性地开展理想信念教育工作，探索出一条具有鲜明特色的理想信念教育之路，有效增强了广大科技工作者对“科技报国、创新为民”的认同感和责任感，研究所的核心竞争力得到大幅提升，有力推动了研究所改革创新和跨越发展。

一、针对当前困境，找准理想信念教育支点

习近平总书记强调："理想信念就是共产党人精神上的'钙'，没有理想信念，理想信念不坚定，精神上就会'缺钙'，就会得'软骨病'。"理想信念是人们最基本的思想观念，是世界观、人生观、价值观的集中体现，能够提供强大的精神动力。理想信念可以分为远大理想、共同理想和现实目标三个层次，远大理想是实现共产主义，共同理想是建设中国特色社会主义，而现实目标是远大理想、共同理想在当前和今后一个时期所需要完成的战略目标。当前全党、全国人民总的现实目标是实现中华民族伟大复兴，也就是习近平总书记提出的"中国梦"。三个层次的理想信念既相互独立，不能混淆，又紧密联系，不可分割。对于研究所而言，理想信念教育既要引导党员传承远大理想、树立共同理想、坚定总的现实目标，又要结合研究所的实际与特点明确具体的现实目标，二者缺一不可。

新形势下各种思想文化相互激荡，人们思想的独立性、选择性、多变性、差异性明显增强，科研队伍中也出现了理想滑坡、信念动摇的现象。当前理想信念教育中存在诸多问题，例如教育目标不明确，把理想信念教育的终极目标普遍化，无形中架空了理想信念教育；教育内容缺乏吸引力，大多停留在革命传统教育上，存在理想信念教育形式"实"、内容"虚"，知行脱节的现象；教育方法相对单一，以政治理论学习为主，教育仍停留在理论层面，很难针对性地进行思想教育和行为引导。在推进全面从严治党的新常态下，抓好理想信念教育，就要坚持内容为王、坚持结合实际、坚持持续创新，从而提高吸引力、增强感染力、提升说服力。

针对当前理想信念教育的困境，力学所党委在继续做好政治理论学习的基础上，紧密结合力学所的所史所情，将传承"工程科学"办所理念和弘扬"科技报国、创新为民"的科技价值观作为现实目标的支点，理想信

念教育取得了显著成效。力学所建所以来出现了钱学森、郭永怀、郑哲敏等一批科学大家，钱学森回国前任美国加州理工学院喷气推进中心主任、教授，回国后创办了中国科学院力学研究所，担任首任所长，被誉为“人民科学家”，国务院、中央军委授予其“国家杰出贡献科学家”荣誉称号和“两弹一星”功勋奖章；郭永怀回国前任美国康奈尔大学航空研究院三位主持人之一、教授，回国后长期主持力学所工作，是唯一一位被追授“两弹一星”功勋奖章的科学家；郑哲敏在美国获博士学位后回国，出任力学所第二任所长，是中国科学院、中国工程院、美国工程院三院院士，荣获2012年度国家最高科学技术奖。这些科学大家胸怀赤诚报国心，情系求是科学魂，在力学所大力倡导“工程科学”办所思想和科技报国的价值理念，引导力学所走过了60个春夏秋冬，他们的爱国情怀和科学精神是力学所的宝贵精神财富。

二、发挥传统优势，创新理想信念教育方式方法

“工程科学”是基础科学与工程和其他应用领域的桥梁。“工程科学”思想强调要为国家的经济和国防建设以及社会发展服务，首先要关心和了解国家的需求，其次要认真选题，还要有创新的精神。力学所党委充分发挥力学所传统文化的优势，明确工作定位，厘清工作思路，以钱学森、郭永怀、郑哲敏等科学大家的“工程科学”思想和“科技报国”的情怀为核心，以“实、新、专、常、深”为工作思路，坚持开展行之有效的教育活动，增强广大科技工作者对“科技报国、创新为民”的认同感和责任感，引导他们树立正确的科技价值观，使得工程科学思想在力学所深入人心。“实”，指准确把握教育时机，使得理想信念教育的内容更丰实；“新”，指持续创新教育元素，实现教育载体多元化，提升理想信念教育的吸引力；“专”，指面向不同群体，通过提高教育的针对性，确保教育取得实效；“常”，指建立理想信念教育长效机制，实现教育工作的常态化，将之渗透

到工作的方方面面；“深”，指深挖科学大家的思想精髓，传承正向的、积极的科技价值观，为研究所科技事业快速发展提供坚强有力的思想保障。从实、新、专、常、深五个方面开展具体工作，力学所党委探索出一条具有鲜明特色的理想信念教育之路。

（一）把握教育时机，丰实教育内容

◎ 钱学森百年诞辰学术报告会

力学所党委以“实”为着力点，在理想信念教育中准确把握教育时机，在钱学森百年诞辰、郭永怀牺牲45周年、郑哲敏荣获国家最高科学技术奖、庆祝建所60周年之际，隆重举办系列大型教育活动，取得了很好的成效。在钱学森百年诞辰日举办的学术交流会上，原本容纳160人的学术报告厅挤入了300余人，很多人全程站着听完报告。在纪念郭永怀先生牺牲45周年大会上，250余人共同学习了郭永怀先生孜孜以求的探索精神和创新精神，朴实无华、严谨求实的治学态度，胸怀祖国、无私奉献的赤子情怀。在向郑哲敏先生学习大会上，200多人自发地参加教育活动，学习郑哲敏先生报效祖国、科研为民的理想信念和开拓创新、敢为人先的科学精神。这些活动贴近科研人员的实际，强调“虚”“实”结合，既深入认识了科学大家的“工程科学”思想，又交流了在“工程科学”思想指导下的科研工作进展，适宜的教育时机和充实的教育内容，使得“工程科学”思想教育深入人心，得到全所上下的热烈响应。

（二）创新教育元素，多元教育载体

如何让理想信念教育不再枯燥、不再是简单的说教，而是更生动、更吸引人是我们一直思考的问题。力学所党委坚持春风化雨、润物无声的教育理念，精心设计各种个性化的学习载体，将教育融入方方面面的工作中去，有效提高了各类群体参与的积极性，大大拓展了教育的受众范围，让广大党员和职工在浸入式教育中认同“工程科学”思想，强化并践行爱国奉献、科技报国的理念。

1. 树立塑像和恢复办公室

力学所于 1988 年郭永怀牺牲 20 周年和 2011 年钱学森百年诞辰之际，先后在力学所园区内树立了郭永怀塑像和钱学森塑像，每年定期在郭永怀和钱学森塑像前举办纪念活动，成为力学所传承多年的教育活动之一。2009 年，在力学所主楼旧址恢复钱学森和郭永怀办公室，在全所范围内征集珍贵物品进行陈展，并在重大活动期间对外开放，接待所内外日常参观上万人次，接受包括中央电视台在内的多家主流媒体采访。

2. 开辟网络专题教育平台

力学所在官网上开辟纪念钱学森百年诞辰、永怀的怀念——纪念“两弹一星”元勋郭永怀先生、热烈庆祝郑哲敏先生荣获国家最高科学技术奖等网络专栏并常态化管理，全面展示他们波澜壮阔的人生，深度剖析他们精深的工程科学思想，并呈现由此带来的杰出科学成就。这些专题网页上线后受到广泛关注，成为力学所面向广大职工开展理想信念教育的有效平台，所内外的访问量达数十万人次，有效传播了工程科学办所思想。

3. 保护和利用珍贵遗物

钱学森于 1938 ～ 1955 年在美国从事教学和科研活动时留下了 15 000 余页手稿，是极其珍贵的科学研究文献和科学精神财富，蕴含着精深的工程科学思想。力学所采用国家档案和国家文物双重标准对其手稿进行保护，

特别制定了钱学森手稿管理条例进行规范管理；定期组织新职工和新生参观手稿，特邀专家对手稿进行整理和讲解；精选500余页钱学森手稿编辑出版发行，大大拓展了学习钱学森手稿的受众范围。如今，保护、学习和研究钱学森手稿已成为力学所大力弘扬工程科学思想的重要载体。此外，郭永怀夫人李佩先生于2013年向力学所捐赠了郭永怀的珍贵遗物，包括郭永怀牺牲时佩戴的眼镜镜片、手表等。力学所举办了隆重的捐赠仪式，专门定制了全新的展柜，将遗物放置在郭永怀办公室中陈展。看着郭永怀先生的珍贵遗物，聆听郭永怀先生的感人事迹，参观者无不被其科学精神和爱国情怀所打动。

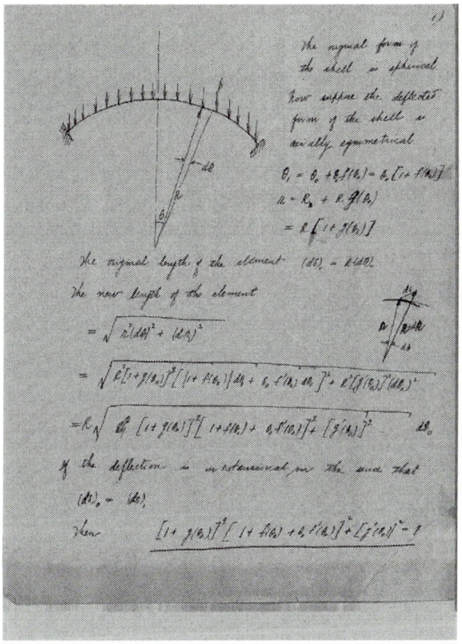

◎ 钱学森手稿

4. 原创个性化文艺作品

近年，力学所党委打破传统教育方式，充分发挥所内职工的文艺特长，把科技报国和创新为民的理念融入文艺作品中去，取得了意想不到的教育效果。以郭沫若的《赠钱学森》一诗为词，引导职工谱曲、编排，从领唱、朗诵到伴唱全部自主完成，在多个正式场合公开演出，在所内掀起了学唱该曲的热潮。以郭永怀先生的事迹为基础，引导职工创作了配乐诗朗诵《人民不会忘记》，歌颂了郭永怀先生为科研呕心沥血的拳拳赤子之心和死而后已的壮烈事迹，通过精心设计的舞台造型和舞台背景，增添了强烈的视觉和听觉冲击力，引无数观众感动落泪，最终在中国科学院京区文艺会演中荣获一等奖。通过文艺作品承载工程科学思想和科技价值观，比传统学习方式更易深入人心，有效提高了理想信念教育的参与度和感染力。

◎ 配乐诗朗诵《人民不会忘记》

（三）面向不同群体，增强教育针对性

为提高理想信念教育的针对性，力学所党委根据不同群体的需求，组织开展特色鲜明的各类活动，确保活动取得实效。面向科研人员，力学所每年年初召开研究所战略研讨会，对工程科学思想进行深入研讨，明晰研究所发展的新形势、新挑战、新举措，共同谋划和推动研究所的发展，各实验室每年也分别召开学术年会，会上研讨工程科学思想，交流工作进展；面向骨干职工，定期举办大型教育活动，特别邀请职工骨干参加，实现教育以点带面；面向青年职工，针对青年人不了解所史所情的特点，分别举办入所教育、主题开放日、牺牲纪念日等活动，增进年轻人对研究所的了解，增加他们的认同感和归属感；面向离退休老同志，举办缅怀座谈会、旧址参观等活动，并请老同志讲述研究所发展过程中鲜为人知的故事，通过老人的亲身经历，引导新人继续坚定工程科学思想。

（四）建立长效机制，教育工作常态化

坚定的理想信念不可能一蹴而就，基于宝贵的文化财富，所党委在理想信念教育方面建立长效机制，通过常态化活动将“工程科学”办所思想

◎ 郭永怀牺牲纪念日活动

内化于心、外化于行。设立郭永怀奖学金制度并坚持25年，共130余人获得奖励，成为力学所研究生的至高荣耀；每年在新职工和新生入所时组织教育活动，组织观看纪录片《永远的怀念》，聆听郭永怀先生以工程科学思想为指导建设力学所直至牺牲的感人事迹，坚持10余年；每年的12月5日，在“两弹一星”元勋郭永怀先生塑像前举办学习和纪念活动，向郭永怀先生塑像敬献花篮并表达哀思，撰写学习中的感触和体会并汇编成册，坚持20余年；坚持组织钱学森和郭永怀办公室的参观学习，坚持近10年；实施“钱学森工程科学讲座”计划，每年邀请2～4名国际知名院校的优秀科学家进行短期学术访问，为其颁发“钱学森工程科学讲座教授”证书，提升工程科学思想在相关学术领域的认可度。通过常年坚持开展学习活动，力学所党委在文化传承中深化了广大职工对工程科学思想的理解，强化了对“科技报国、创新为民”价值理念的认同。

（五）深挖思想精髓，传承科技价值观

在坚持开展形式多样的教育活动同时，力学所党委注重深挖科学大家的思想精髓，通过广泛征集纪念文章、编辑出版纪念文集等形式传承科技价值观。近年来，所党委在全所范围内多次开展主题征文活动，精选征文中的优秀作品，编辑制作了6本纪念文集。其中《钱学森——在创建力学所的日子里》《高山仰止　大爱无疆——我们心目中的郭永怀和李佩先生》共收录文章146篇，正式公开出版发行，广受赞誉；《力学所建所六十周年纪念文集》《郭永怀先生诞辰一百周年纪念文集》《似水流年》主题征文集

萃收录文章100余篇，发放2000余册，反响热烈；《永远的怀念》收录学习郭永怀事迹的感想体会近200篇，在年轻人中引起强烈共鸣。此外，在所党委的支持和推动下，力学所所志编撰工作历时7年编撰完成，所志通篇76万字，通过翔实的史料完整呈现了力学所曲折而辉煌的发展历程。这些文集和所志内容丰富，图文并茂，具有极强的可读性，成为学习研究所文化历史、传承科学精神和科技价值观的生动教材，实现了力学所人的自主学习和自我教育，进一步深化了学习效果。

定期开展老一辈科学家的科学思想研讨。所党委充分发挥钱学森思想研究会的作用，鼓励开展工程科学思想研究，定期组织钱学森手稿的学习和研讨活动，邀请钱学森思想研究专家解读其中蕴含的精深的工程科学思想。结合科研交流深挖思想精髓、传承科技价值观，让理想信念教育看得见、够得着、易实施、好接受，得到科研人员的普遍认可。

此外，所党委鼓励在科技工作中传承科学理想和科学精神。郭永怀回国后开创了两个新的学科，其中一个是激波管。在他的指导和支持下，他的第一批学生、如今的俞鸿儒院士，坚持做祖国科技事业的铺路石，四十年如一日地开展激波管研究，独创了爆轰驱动技术。如今，在力学所姜宗林研究员的带领下，一支年轻的科研团队克服了重重困难，将这项技术成功应用到国际首座可复现高超声速飞行条件的超大型激波风洞（JF12风洞）中去，使得风洞整体性能水平达到国际领先。从郭先生到俞鸿儒院士，到姜宗林研究员，再到年轻的科技工作者，老一辈科学家的科学理想和科学精神得到了传承和发扬。JF12风洞团队心系祖国航天需求，敢为人先求新求异，所党委深度挖掘JF12风洞团队精神，在所内多场合大力宣传，号召广大科技人员向他们学习，有效传承了科技报国、创新为民的科技价值观。

三、坚持传承与创新，理想信念教育取得显著成效

多年来，力学所党委在理想信念教育方面始终坚持传承和创新，将坚

强有力的正面教育、潜移默化的情感教育、春风化雨的引导教育有机结合，传承了优秀的研究所文化传统，统一了力学所人的思想认识，坚定了科技报国、创新为民的理想信念，为落实创新驱动发展战略和中国科学院“率先行动”计划、促进研究所“一三五”规划实施，做好了思想和行动上的准备，有效推动了研究所各项工作的跨越发展。

（一）形成了科研人员将个人兴趣与国家战略需求紧密结合的思维与行动

通过不懈努力，力学所将工程科学思想和科技报国理念内化于心、外化于行，强调将个人兴趣与国家战略需求紧密结合，以深入的基础研究为根本，以关键科学问题的突破为支撑，结合国家重大战略需求、“十三五”规划的要求，在临近空间飞行器、高速列车、新型油气资源开发等国家间必争领域开展研究，推动重大工程技术的跨越发展。力学所原创提出的国家战略性任务先后获胡锦涛总书记、习近平总书记批示，力学所樊菁所长出任项目首席科学家，目前已取得突破性进展。力学所参与和见证了我国整个高速铁路发展的全过程，开展了CRH380系列气动定型设计，确定了CRH380A的气动外形设计方案，及CRH380B针对原型车的改进方案，研制了世界上规模最大、实验速度最高的双向运行高速列车动模型实验平台。力学所自主设计开发的管道式油气水分离技术，具有小型、高效、便捷、经济、可靠等特点，在油气水处理领域独树一帜，不仅可以取代传统的储罐式分离，而且攻克了深海海底油气水分离、采油井井底油气水分离和高密度超稠油的油气水分离难题，使我国油气水分离技术跨越到世界顶级水平，开创了油气水处理领域的新时代。工程科学思想以其独特的科学价值观、方法论和贡献力成为力学所软实力的核心。

（二）大力倡导甘于奉献、团结合作，科研工作取得重大进展

在所党委的大力倡导下，甘于奉献、团结合作的理念在力学所深深植

根于科研工作中，推动多项国家战略性任务取得突破进展。“实践十号”返回式科学实验卫星是中国科学院空间科学战略性先导专项的重要内容，力学所为其科学应用系统的总体责任单位，力学所胡文瑞院士为首席科学家，2016 年 4 月 6 日成功发射，19 项载荷实验研究顺利完成，卫星成功回收。由力学所提出科学目标，并与中国科学院微小卫星创新研究院（筹）联合研制的稀薄大气科学实验卫星（简称“力星一号”）成功发射，是迄今运行轨道高度最低的人造地球卫星，在世界上首次实现了过渡流区全球飞行，铸就了我国空间科学探索新的里程碑。我国载人航天工程“天宫二号”空间实验室于中秋之夜发射成功，力学所承担的液桥项目是我国第一次在微重力条件下开展液桥热毛细对流实验。白春礼院长就“力星一号”和“天宫二号”相继向力学所发信祝贺。

同时，力学所的各项工作也赢得了国际同行的高度评价。建成了国际首座超大型高超声速激波风洞——复现高超声速飞行条件激波风洞（JF12 风洞），连续四年被写入美国政府递交国会的年度报告，荣获 2016 年度国家技术发明奖二等奖，风洞负责人姜宗林研究员于 2016 年荣获美国航空航天地面试验大奖（AIAA Ground Testing Award for 2016），成为该奖设立 41 年来在高超声速风洞技术方面全球仅有的三名获奖者之一，也成为我国首位获此殊荣的科学家。设立在力学所的北京国际力学中心，被国际力学界最具权威的非政府学术组织国际理论与应用力学联合会（IUTAM）正式批准成为其关联所属组织，成为该组织在亚太地区唯一的国际力学中心。

（三）党建工作稳步提升，带动各项工作齐头并进

力学所立足所史所情，以理想信念教育为根本，抓住传承与创新这一关键，促进研究所党建工作实现稳步提升。2013 年和 2016 年，力学所党委两次荣获中国科学院京区党建创新奖一等奖，2009 年荣获中国科学院京区党建创新奖二等奖，党委书记在 2014 年全院创新文化建设大会上介绍工作经验。2016 年，在第二届中央国家机关十大学习品牌案例征集展示活动中，

力学所工程科学思想学习平台在中央国家机关工委的官网进行了在线展示。非线性力学国家重点实验室党支部分别荣获2016年中国科学院先进党支部、2015年中国科学院京区党委“聚焦献力”主题实践活动先进集体荣誉称号。郑哲敏院士荣获2016年第二届北京市华侨华人“京华奖”，2011年度中央国家机关优秀共产党员、中国科学院优秀共产党员，2010年度中国科学院京区党委优秀共产党员等荣誉称号。姜宗林研究员荣获2016年中国科学院优秀共产党员、2015年中国科学院京区党委“聚焦献力”主题实践活动先进个人荣誉称号。

在党建工作的带动下，力学所各方面工作齐头并进。2013年1月，郑哲敏院士荣获2012年度国家最高科学技术奖；2013年和2014年，力学所连续两年荣获国家自然科学奖二等奖；2015年和2016年，力学所参与的“超深水半潜式钻井平台研究与开发”和“京沪高速铁路工程”连续两年荣获国家科学技术进步奖特等奖。2012年，“百人计划”入选者张新宇、刘谋斌荣获第四届中国侨界贡献奖（创新人才）；2014年，力学所复现高超声速飞行条件激波风洞、多元蛋白质芯片、高速列车空气动力学优化设计及评估技术等3项科研成果被中华全国归国华侨联合会评为中国侨界贡献奖（创新成果）。

四、力学所开展理想信念教育的启示

力学所党委在开展理想信念教育中体会到，如果说理想信念教育是一棵大树，那么研究所特色文化的传承就是深埋于地下的树根，源源不断地为大树提供充足养分；而内容和形式的创新则是大树的枝叶，枝叶越繁茂，大树越生机勃勃，越能带来清新的空气和美好的环境。因此，准确把握教育时机、丰富教育内容、创新教育元素、增强教育的针对性、建立教育的长效机制等都是确保理想信念教育效果的关键所在。力学所党委在理想信念教育方面工作卓有成效，主要源于以下几个方面。

（一）理想信念教育应有清晰、具体的现实目标

理想信念分为多个层次，其中现实目标是实现共同理想和远大理想的基石。力学所理想信念教育的现实目标是秉承工程科学办所思想，弘扬科技报国、创新为民的价值理念，强调要解决国家经济和建设中的重大问题，科研工作不能做“捡贝壳”的工作，而要做“打井”和“流汗”的工作，要摒弃繁华和浮躁，沉下心来“坐冷板凳”，甘心做铺路石子，做国家最需要的东西。这是力学所当前理想信念教育的核心所在。

（二）理想信念教育应该与所史、所情相结合

理想信念教育应有精神的传承，力学所老一辈科学家的科学奉献精神，在物欲横流、理想缺失的今天是宝贵的精神财富，深度挖掘、大力倡导他们的科学精神，能够引导广大科技人员坚定科技报国、创新为民的信念，为实现理想信念的现实目标而努力。

（三）理想信念教育应不断创新方式方法

理想信念教育不是简单的宣贯和说教，在教育过程中要更加注重教育的针对性，结合科研人员、管理人员、青年职工、研究生、老同志等不同群体的不同需求，采取多元化、个性化、定制化的教育方式和方法，吸引更多的人主动参与其中，以此来确保教育的生机与活力，从而达到预期教育效果。

（四）理想信念教育应建立长效机制

罗马不是一天建成的，理想信念不是一朝一夕可以铸就的，在明确教育目标、确定教育载体后应长期坚持下去，力学所很多教育活动已坚持20年以上，活动承载的教育理念深入人心，效果在持之以恒中逐步显现。

（撰稿人：刘桂菊　王宇星）

中国科学院力学研究所简介

力学所成立于1956年，是以钱学森先生工程科学思想建所的综合性国家级力学研究基地，钱学森、钱伟长为第一任正、副所长。郭永怀副所长曾长期主持工作。现任所长是樊菁研究员。

力学所当前主要研究方向为：微尺度力学与跨尺度关联、高温气体动力学与跨大气层飞行、微重力科学与应用、海洋工程、环境、能源与交通中的重大力学问题，先进制造工艺力学，生物力学与生物工程等。现有5个实验室，其中国家重点实验室2个，中国科学院重点实验室2个。

建所60年来，力学所先后获国家、中国科学院和各部委各种科技奖230余项，其中国家最高科学技术奖1项、特等奖3项、一等奖4项、二等奖14项，为我国“两弹一星”、载人航天事业及国家经济社会发展做出了重要贡献。

力学所现有在职职工440余人，其中中国科学院院士7人，中国工程院院士1人，中国科学院“百人计划”入选者18人，国家杰出青年科学基金获得者11人。

力学所党委下设党支部12个，共有党员581人，其中在职职工党员247人，学生党员125人，离退休党员209人。正高职级科研人员中党员比例近60%，党员队伍成为力学所科研队伍的中坚力量。

传承特色文化　弘扬声学精神

▶▶ 中国科学院声学研究所

引　言

2012年6月24日，一个注定将写入中国载人深潜历史的时刻。这天，我国首台自主设计、自主集成的深海载人潜水器“蛟龙号”进行了7000米级海试第四次下潜试验，最大下潜深度达到7020米，达到最大设计深度。炎黄子孙千年“可下五洋捉鳖”的梦想终成真。在“蛟龙号”的研制过程中，有这样一个团队，他们严谨求实、勇于创新、无怨无悔、默默奉献，他们设计了“蛟龙号”的“眼睛”“嘴巴”和“耳朵”，使它拥有了通信、测速、障碍物探测和地形地貌探测等功能，确保了每次海试的成功进行，这个“神秘”的团队就来自中国科学院声学研究所（以下简称“声学所”）。

多年来，声学所党委不断加强思想建设，教育引导广大党员和职工传承特色文化，弘扬声学精神，使创新文化形成体系、引向深入、开花结果，为党建工作带来了活力，为科技创新和重大任务完成提供了不竭动力。

一、工作背景

进入21世纪，海洋再度成为世界关注的焦点，海洋的国家战略地位空前提高。党的十八大报告明确提出，“提高海洋资源开发能力，发展海洋经济，保护海洋生态环境，坚决维护国家海洋权益，建设海洋强国”，作为以水声为重要研究方向的国立科学研究机构，声学所人深知肩负的责任之巨大、使命之光荣。

近年来，随着声学所人才队伍不断发展壮大，全所共有40岁及以下青年职工499人，青年职工已经成为研究所改革创新发展的主要力量。从整体来看，青年队伍的主流是奋发向上、积极进取的，然而，随着社会主义市场经济的发展和社会信息化进程的加快，在文化观多样化和价值观多元化的影响下，部分青年认识问题、思考问题的方式方法发生了深刻的变化。为了使全所同志，尤其是青年同志更加明确所担负的历史责任与使命，所党委不断加强思想建设，加强创新文化建设，着力传承、弘扬和发展研究所特色文化和精神，使其成为全所同志爱国奉献、唯实诚信、拼搏创新的内在精神动力。

二、特色做法

研究所文化是指研究所在长期的实践活动中所形成的，并且为成员普遍认同和遵循的具有组织特色的价值观念、团体意识、行为规范和思维模式的总和，具有研究所特色的创新文化是构建鼓励创新的科研生态系统的核心内容，对提升研究所核心竞争力有着至关重要的作用。在多年实践工作中，所党委不断总结凝练、健全机制，增强全所同志对研究所文化的认同感，并在日常工作中自觉实践和弘扬这种价值观和文化理念，推进全所创新文化建设向纵深发展。

（一）注重总结提炼，形成创新文化体系

声学所视文化为灵魂，注重对研究所50多年积淀的文化和精神进行提炼和总结，并不断与时俱进、创新发展，形成了一整套的创新文化体系。

建所之初，第一任所长汪德昭先生写下“标新立异，一丝不苟，奋力拼搏，亲自动手”，如今已成为研究所的所训；汪德昭、马大猷、应崇福等老一辈科学家倡导“老鹰扑兔”“大胆探索，小心求证”的科研精神，为科学研究工作指明了方向。三位先生并称为声学所的“三驾马车”。在他们的带领下，声学所虽然遭遇“文化大革命”震荡及其余波的严重冲击，但始终坚持不懈，排除干扰，持续开展研究工作，并且在1978年全国科学大会上一举获得了13项科技成果奖，受到国务院的嘉奖。崇尚科学、追求创新、奋力拼搏、不畏艰难的特色文化也随之萌生。

进入知识创新工程后，声学所党委充分意识到，自发形成的文化有鲜明特点，容易产生共鸣，但尚未形成体系。只有全面系统地对文化进行梳理，结合声学所特点总结提炼，才能得到广大科研人员认同。21世纪初，声学所建立了以“国家的声学所、国际的科学家”为组织目标、“标新立异、一丝不苟、奋力拼搏、亲自动手”为所训的组织文化体系，包括理念文化和行为文化，提倡“科学管理、依法治所”的管理理念、“音声相和、恬淡和谐、求新务实”的人才理念、“以知识创新为核心，打造国际一流的声学和数字信号处理研发机构；以国家需求为己任，服务国家安全、经济发展、社会进步；以科学奉献为宗旨，为发展声学事业做出持续不断的贡献”的组织使命。

在推进“创新2020”的新形势下，声学所提出了“爱国奉献、求实创新、诚信唯真”的核心价值理念，形成包括治所方针、所训、服务理念、合作理念、质量文化、保密文化、学术文化、科普文化和宣传文化等在内的“大文化”体系，加强对创新精神的引导和培养，形成创新文化与科研活动的良性互动，使创新文化氛围成为科技创新的重要保障，使科学精神、

正确的价值观、爱国主义精神融入科研人员的自觉行动之中。

（二）注重健全机制，推进创新文化纵深发展

声学所党委按照中国科学院推进创新文化建设的任务要求，逐步建立健全工作机制，推进研究所文化向纵深发展。

1. 建立健全研究所文化组织管理体系

声学所成立了创新文化建设领导小组，形成了党委统一领导、党政工齐抓共管、职能部门各负其责、全体职工参与支持的创新文化建设领导体制和工作机制；并且建立了有效运行保障机制，将创新文化建设定为研究单元年度考核内容之一，用考核机制保证创新文化建设。

2. 在研究所重要发展进程中传递文化、凝聚人心

2014 年 12 月 31 日，中国科学院院长办公会批准以声学所为依托开始筹建海洋信息技术创新研究院。面对习总书记的“四个率先”要求和中国科学院领导的殷切希望，声学所人勇挑重担，及时召开了全所筹建动员大会，明确了筹建创新研究院的重大意义、定位和目标，统一思想，凝聚人心；调整所本部 18 个研究单元为 9 个研究单元，集中力量，形成合力；多次召开职代会，审议通过机构改革方案、创新研究院章程及科技委章程等，民主管理，科学决策。正因为调动广大科研骨干积极参与广泛关注，形成群策群力的良好局面，海洋信息技术创新研究院的筹建工作进展顺利，于 2016 年年底以优秀成员通过验收。为了鼓舞士气，打好开局，研究所每年年初制定鲜明的工作主题，“稳健，2010”“务实，2011”“强基固本，2012”“攻坚克难，2013”“改革奋进，2014”“聚力同心，2015”“创新图强，2016”，让全所职工明确每年工作重点，进一步增强机遇意识、责任意识和进取意识，对未来发展充满信心和期望。

3. 以人为本，促进特色文化内化于心

充分理解并尊重职工的愿望，通过多种形式使职工深知个人的成长与

研究所的发展、中国科学院的发展是密不可分的，引导职工的愿望与研究所的愿景不断融合，形成持续发展的内在动力。每年的新职工入所培训，王小民所长都亲自介绍研究所的发展历史、组织文化以及国家对我们的希望和要求，希望每一个加入声学所大家庭的人都明确自己的使命责任，通过这种形式，激发新职工的热情，使他们对个人的未来发展和研究所的事业充满信心。

4. 注重发挥院士精神的引领作用

张仁和、侯朝焕、李启虎和汪承灏院士都已年近80，但他们还坚持在科研一线，用自己的专业知识和科学精神引领研究所的事业。为了让青年同志更深切地感受院士们“爱国奉献、勇于创新、严谨求实、甘为人梯”的风采，声学所定期邀请老院士作报告，不仅讨论学术，更多的是传授科学精神，一个小故事、一个实验现场回顾，往往都充满了深刻的科学方法和做人道理。对于已经离开我们的“三驾马车”，组织团学青年为汪德昭院士扫墓，表达对老先生的敬仰和怀念；开展应崇福院士和马大猷院士学术成长采集工作，先后出版《汪德昭传》《大音希声——应崇福传》和《马大猷传》，增强了全所同志，尤其是青年同志对老院士科研成就和人格魅力的认识和理解，不断弘扬老一辈科学家的精神。

（三）注重目标导向，推动创新文化落地生花

创新文化只有落实到工作实践中，才能真正创造出实际价值。声学所党委注重在实际工作中践行特色文化，不断增强全所同志为国家科技创新发展事业而奋斗的责任感和使命感。

1. 注重在实践工作中传递特色文化

研究所注重在重大科研项目中，用特色文化和精神凝聚人心，鼓舞人心。2008年，声学所承担奥运会水下安保任务，使命光荣，责任重大。出征前，所党委组织承担任务人员召开誓师大会，全体水下安保团队成员

举起右手，庄严宣誓："实践科技奥运，铸就水下长城"。在后续攻关过程中，全体成员团结一致，奋勇拼搏，不辱使命，圆满完成安保任务，用精湛的科技实力实现了自己的誓言。2014年，为了保证某批生产任务顺利完成，所党委在生产现场召开誓师大会，参加任务的全体同志庄严宣誓"决战五十天，打赢攻坚战"。在后续攻关过程中，全体同志顶着巨大压力，奋战于封闭现场，不分昼夜、废寝忘食，确保了生产任务的圆满完成，得到了用户单位的充分肯定和一致好评。通过誓师动员大会这种形式，科研人员更加明确了肩负的重要任务和神圣使命，"爱国奉献、求实创新、诚信唯真"核心价值理念更加深入人心。

2. 注重为青年人才融入特色文化提供平台

目前，声学所40岁及以下青年职工已占到总职工人数的63.3%，如何调动和发挥他们的积极性，对于研究所可持续发展至关重要。所党委注重为青年同志创造条件，鼓励他们参与重大项目，使他们在实际工作中感受研究所文化，感受科研事业的光荣和责任。"蛟龙号"海试队是一支典型的"娃娃兵"队伍：团队成员平均年龄不到30岁，大部分都是刚从学校毕业就直接走上海试第一线的"80后"。虽然有担心，也有犹豫，但研究所坚信青年同志能够胜利完成任务。每次出征前，所领导都亲自送行，鼓舞士气。面对人联合协同作业这场"硬仗"，声学所人不服输的劲头开始逐步显现。找问题，说意见，提方案，做改进，这帮"娃娃兵"团结协作、奋力拼搏，逐步解决了之前出现的各种问题，并最终圆满完成了声学系统改进和海试维护工作，为"蛟龙号"海试的成功提供了有力保障。从这个项目中走出了杨波和张东升两位深潜英雄，成为声学所新时期的杰出青年代表。在中国第七次北极科学考察中，青年同志卫翀华副研究员担当重任，随队进行冰区水下声学观测实验，实现首次由国内水声学科研人员实地开展北极水下声学考察。在"十二五"任务的完成中和"十三五"项目的争取过程中，声学所大胆启用青年同志作为骨干，并且取得了良好效果，他们的工作得到了相关领域专家的高度认可，同时，他们在实际工作中更深刻地体会到

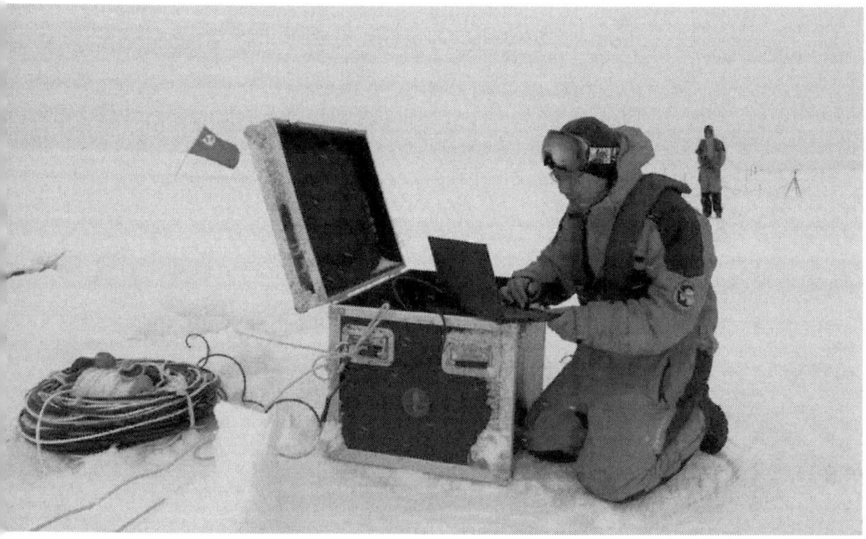

◎ 卫翀华在北极进行科学考察

了声学所人严谨求实、拼搏奉献、敢打硬仗的精神。

3. 注重开展全方位、多角度、深入立体的宣传工作

对于在研究所各个工作岗位涌现出来的优秀代表和先进事迹，所党委充分运用网站、《声讯》和橱窗等三位一体的宣传网络进行宣传报道。在所刊《声讯》中设立一线报道和人物专访栏目，深入报道科研一线的进展和发生的感动故事。2013 年，精心策划“感悟思考”专栏，围绕研究所热点现象进行选题，包括人生追求、责任使命等方面，文章短小精悍但哲理深刻。在宣传工作中还不断探索新思路、新方法、新视角，探索围绕重大科技事件制定完成宣传计划，成功策划蛟龙号 7000 米级海试的系列报道；强化新闻敏感性，策划亮点宣传活动，让研究所的文化和精神得到广泛传播。

三、主要成效

多年来，声学所一贯重视特色文化传承和创新文化发展。创新文化建设产生了显著成效，极大地促进了研究所的重大科研产出、人才队伍的建设以及研究所科学健康发展。2011 年，成为首批整体择优进入中国科学院

“创新 2020”的 A 类研究所。2014 年，成为首批创新研究院核心组建单位。这些成绩的取得，精神的力量功不可没。

（一）激发了工作热情，立足本职建功立业

在特色文化的引领下，声学所广大职工立足岗位、建功立业，有力地推动了科技创新和重点任务的完成，用自己的实际工作书写科技创新的新篇章。在湖试、海试现场，在困难和危险来临之时，看到的是他们挺身而出的身影；在平时和节假日的实验室里，看到的是他们奋力拼搏的身影。他们为了工作，长时间连续出差已是常事，有的同志长期坚守在海南陵水试验基地，2013 年累计出差 280 余天，虽然膝关节有劳损型滑膜组织炎，在医院打封闭针后仍然坚持参加海上实验；他们为了工作，不能陪伴家人和孩子是家常便饭，有的同志与新婚妻子在民政局领完结婚证，就直接奔赴试验现场，不仅没有一丝怨言，还乐称给试验现场的同事及时送喜糖来了；他们为了工作，孩子呱呱坠地也没能看上一眼，不能守在临产妻子的身旁，不能多看几眼刚出生的孩子，甚至在孩子还未满月的时候就开始踏上了海试的征程，等海试归来都快认不出来自己的孩子了。这样的事例不胜枚举。正是全所广大职工无私奉献的精神和严谨的科研态度保证了声学所承担的“十二五”各项科研任务的顺利完成，同时也为“率先行动”计划和“十三五”规划的推进落实提供了坚实的保障。

（二）增强了组织的凝聚力，中心工作有效开展

在全所同志的共同努力下，研究所中心工作稳步推进，积极争取和承担国家重大科技任务，取得了一批具有重要影响力的成果。近年来，争取承担国家、部委、军队、中国科学院和地方各类科技任务 560 余项，获得省部级二等奖 2 项、三等奖 2 项，中国科学院“十二五”重大科技成果及标志性进展奖 1 项、优秀“重大突破”奖 1 项、优秀“重点培育”奖 1 项、

◎ 海上试验场景

诊断评估优秀领域方向 2 项。

声学所自 2000 年开始承担了国家某重大科研项目，经过 10 年的努力，2010 年 6 月项目圆满完成了考核验收试验，研制过程坚持走自主创新的道路，突破了 30 余项全新技术，产品主要性能指标达到世界同类产品的领先水平，大幅提升了我国相关水下技术领域的自主创新水平，引领带动了相关行业的技术发展，后续直接产值将超过 60 亿元。2012 年 6 月，经过 5 年的研制和 5 年的试验，"蛟龙号"圆满完成了 7000 米级海试的全部试验项目，在 1000 米级、3000 米级、5000 米级和 7000 米级的多次海上试验中，声学所团队圆满完成声学系统保障任务，自主研制的声学系统工作良好，顺利保证了母船与潜器之间的实时通信联络，实时传输的文字、图片、语音信号清晰，效果良好，在海试中发挥了重要作用，并且利用声学系统进行了蛟龙天宫“海天对话”，在7020米深度的海底向遨游在太空的航天员发出祝福：“祝愿景海鹏、刘旺、刘洋三位航天员驾驶的‘神舟九号’飞船与‘天宫一号’对接顺利！祝愿我国载人航天、载人深潜事业取得辉煌成就”。2013年，随钻声波测井关键技术及实验样机研发成功，该仪器设备的研发成功，打破了外国公司对国际高端石油声波测井仪器装备与技术的长期垄断，推动了我国深部固体地球钻探测量仪器装备研发技术的快速发展，为我国高端石油深部钻测仪器参与国际竞争奠定了良好的基础。2015年，海云网络新媒体服务系统顺利通过验收，该系统建立了国内首个行业级智能电视公共服务平台，实现与六大彩电整机厂商的服务对接，提供全面的公共信息安全服务及应用软件服务，为推动媒体融合发展与服务提供了有效技术途径和系统支撑。

这一个个科研成果是声学所人用坚忍的耐力和兢兢业业的工作取得的，凝结着心血和智慧，是声学所人为国家科技进步和科技创新事业做出的新的贡献。

（三）营造了良好创新环境，培养一流的科技人才

良好的创新氛围，造就了一支具有自主创新能力的研究队伍和符合现代研究所发展的战略管理队伍。目前声学所凝聚了一批优秀的领军人才和青年科技骨干，包括中国科学院院士4人，新世纪百千万人才工程国家级人选2人，“万人计划”科技创新领军人才2人，青年拔尖人才支持计划1人，国家杰出青年科学基金获得者2人，中国青年科技奖获得者1人，“百人计划”入选者14人，国家级专家组成员44人次，国际学术组织任职成员23人次，国家标准化技术委员会委员36人，国内学术组织任职成员87人次，重大项目首席、总师及其他各类专家60余人次。形成了以4位院士为战略科学家，以20位领军人物和120余位中青年学术带头人及科技骨干

◎ “蛟龙号”潜航员杨波（右一）

为核心的结构较为合理的人才队伍。

近年来，在全所职工共同努力下，研究所各方面工作都取得了一些成绩：声学所荣获“全国五一劳动奖状”和“十一五”国家科技计划执行优秀团队奖，“蛟龙号”团队荣获全国“工人先锋号”，杨波、朱敏荣获“全国五一劳动奖章”，杨波、张东升获“中国深潜英雄”称号，杨波被授予“中央国家机关青年五四奖章”，颜永红荣获第七届“全国优秀科技工作者”称号，国家网络新媒体工程技术研究中心团支部、海洋声学技术实验室团支部荣获中央国家机关“最具活力团支部”称号，侯朝焕、郭良浩获“中国科学院先进工作者”称号，声学所党委荣获中国科学院京区党建创新奖，数字系统集成实验室党支部、声场声信息国家重点实验室党支部获“中国科学院先进基层党组织”，许枫同志、黄海宁同志获“中国科学院优秀共产党员”称号，陈德华同志获“中国科学院优秀党务工作者”称号。

四、创新启示

通过实践可以看出，创新文化为科技创新提供了不竭动力和智力支持，支撑了科技创新的顺利实施和深入发展，具有研究所特色的组织文化更是推动了研究所的健康、和谐和稳定发展。总结近年来的工作，主要有以下几方面的启示。

（一）重视特色文化的传承和发展

特色创新文化是构建鼓励创新的科研生态系统的核心内容，也是激励全所同志爱国奉献、唯实诚信、拼搏创新的内在精神动力，对提升研究所核心竞争力有着至关重要的作用。因此，所党委有意识地注重特色文化的传承，并根据时代特点不断完善组织文化体系，使之成为研究所的灵魂，渗入每个人的思想中，从而凝聚人心、汇聚力量，为研究所的长远发展而不懈奋斗。

（二）重视特色文化与中心工作的融合

所党委注重把国家需求、研究所发展和特色文化统一起来，提倡科技报国的理想信念、求真务实的科研态度和敢打硬仗的优良作风，使创新文化融于国家科技创新事业这一中心工作，并且注重激发全所同志的热情和积极性，全身心投入创新活动。

（三）重视在实际工作中感受特色文化

人只有深入参与某项工作，才能真切体会到其中的精神和魅力，创新文化建设亦然。所党委注重为青年同志创造条件，让他们有机会参与到重要科研工作中，承担重大科技项目，在实践工作中真切地体会到从事事业的光荣和责任，在工作中体会到研究所文化的真谛。

（四）重视方式方法的创新

文化的深入人心，不是简单的宣传灌输，要结合时代特点和不同人群的特点，不断创新方式方法，突出特色，感染人、吸引人。针对研究所职工年轻化的特点，通过多媒体手段和形式新颖的主题活动，加强特色文化传承，不断增强青年职工的历史使命感和责任感。

岁月如梭，斗转星移。声学所党委将继续建设并不断丰富发展具有时代特征的创新文化，为研究所精神和思想注入创新的“基因”，构建充满活力、包容兼蓄、和谐有序、开放互动的创新生态系统，使之为声学所发展提供强大的精神动力。我们坚信，在创新文化旗帜指引下阔步前进的声学所，一定会为我国科技发展和中华民族的伟大复兴做出新的更大的贡献！

（撰稿人：张春华　李浩然　刘卫华　张　莉）

中国科学院声学研究所简介

声学所成立于1964年，由20世纪50年代在电子所设立的声学组，及其后由汪德昭、马大猷和应崇福三位声学大师创立并领衔的三个研究室发展而来，是从事声学和信息处理技术研究的综合性研究所。

目前，声学所正在筹建海洋信息技术创新研究院，本部建有9个研究单元，包括1个国家重点实验室、1个国家工程技术中心、4个院重点实验室、2个北京市工程技术中心，还有分布在上海、青岛和海南的3个研究站和在嘉兴市与地方政府共建的声学技术转移中心。共有在职职工788人，其中专业技术人员725人，包括中国科学院院士4人、研究员及正高级工程技术人员129人、副研究员及副高级工程技术人员263人。

声学所党委下设党支部12个，其中研究单元党支部9个，机关党支部、离休党支部、退休党支部各1个；党员729人，其中在职党员346人，学生党员162人，离退休党员173人，其他人员48人。

博观约取立品牌　厚积薄发创文化

▶▶ 中国科学院遗传与发育生物学研究所

引　言

中国科学院遗传与发育生物学研究所（以下简称“遗传发育所”）党委积极探索党建工作“一体两翼”思路，“一体”指的是研究所综合管理的“四位一体”架构，“两翼”指的是党建创新的两项品牌活动“遗传发育所精神”和“绿色科研”。党建创新品牌活动紧贴“科研”主旋律，反映“率先”新要求，提升了党建工作实效。所党委在工作部署上注重“三融合”，即党政一盘棋与党群相融合、科研和管理双肩挑相融合、老中青经验与活力相融合；在工作目标上注重整体的可持续发展和个体的幸福感提升，努力做到自豪感、满足感、成就感、公平感、归属感“五感”同步发展。

一、矢志不渝传承与创新

21 世纪初，经过三所整合新成立的遗传发育所百废待兴，面对人员分散、学科发展不均、优秀人才缺乏的状况，遗传发育所硬是凭着一股奋发图强、不屈不挠的精神在中国科学院知识创新工程的实践中异军突起。2005年，遗传发育所创新二期评估优秀，进入院知识创新试点工程；2010年，遗传发育所创新三期评估优秀，进入“创新2020”整体择优试点启动阶段；2015年，遗传发育所创新研究院申请立项获批，正在“率先行动”的号角声中蓄势待发。

遗传发育所何以取得长足的发展？研究所几届党委班子带领广大党员和职工不断总结经验、研究探索，得出的结论是：先进的管理和文化造就了过往成绩，“心往一处想，劲往一处使”的力量激发着遗传发育所人群策群力、圆梦争先。为了将这种奋发有为的精神和文化进行挖掘凝练、继承创新，从2012年起，所党委精心筹划了“遗传发育所精神”党建创新品牌活动，开始探索凝练特色文化，进一步深化价值理念。2015年，伴随中国科学院“率先行动”计划的全面实施，在文化内核一脉相承的基础上，研究所继续创新推出反映时代主旋律的“绿色科研”品牌活动。作为创新文化生态系统建设新的增长点，“绿色科研”的实体化、载体化将在未来助力研究所科技创新扬帆起航、再创辉煌。凭借连续开展的党建创新品牌活动，遗传发育所的党建工作近年来连续荣获中国科学院京区党委党建创新工作一等奖（1次）、二等奖（2次）。

二、凝心建设率先团队，聚力成就创新梦想

遗传发育所党委围绕“凝心聚力，聚焦献力”的目标宗旨，坚持在实践中发展理论，确立了遗传发育所党建和创新文化建设工作的总主题：凝心建设率先团队，聚力成就创新梦想。在总主题下进一步建立了独具特色的遗传发育所党建和创新文化发展架构：“一体两翼”发展架构。“一体”是指研究所综合管理的“四位一体”架构，即所长负责制保证科学决策、党委起政治核心和监督保障作用、学术委员会行使学术评议、职代会发扬

民主管理；“两翼”是指党建创新品牌活动“遗传发育所精神”和“绿色科研”。四位一体的组织管理架构在支撑上保证出成果、出人才、出思想，党建创新品牌活动带动特色文化形成，为实现建设一流研究所目标凝心聚力和聚焦献力。

（一）党政协力顶层设计党建创新品牌活动

遗传发育所注重发挥研究所领导班子的集体智慧，推动党政协力将党建创新品牌活动作为党建工作和创新文化建设工作的重要牵引，从顶层设计上不断前瞻谋划、科学部署，逐步完善了“一体两翼”的理论体系，指引着党建创新工作的具体实践。目前遗传发育所已形成了独具特色的文化体系，党建创新系列活动“遗传发育所精神”和“绿色科研”也成为遗传发育所的品牌。

1. 党建创新品牌活动的提出

自 2012 年起，面对新形势、新要求，遗传发育所党委决定开展“遗传发育所精神”的党建创新品牌活动。通过发动全所人员参与“遗传发育所精神”表述语凝练，开启了该品牌活动的主题实践内容。全所成员齐心协力凝练出了“厚德、笃志、求索、创新”的“遗传发育所精神”，其内涵为：厚德，是遗传发育所的品质，即拥有良好的道德素质和严谨求实的学术风气；笃志，是遗传发育所的情怀，即志存高远且笃定的努力追求；求索，是遗传发育所的动力，即在生命科学的道路上，兢兢业业，积极奋斗；创新，是遗传发育所的灵魂，即寻求突破，超越以往及国际同行。

2014～2015 年，伴随中国科学院“率先行动”计划的全面启动实施，遗传发育所党委又立足当前、统筹谋划、锐意进取，在文化内核一脉相承的基础上进一步推出了“绿色科研”党建创新活动，推动党建创新品牌活动有新的增长和突破。“绿色科研”的内涵包括：高效科研，即科研人员要树立正确的科研目标、态度，掌握正确、高效的科研方法，不断提高自身科研效率，研究所要提高科研管理水平，创新体制机制，保证整建制的科研效率提升；节能科研，即增强能源忧患意识和节约环保意识，坚持节能降耗促进研究所发展的理念，合理利用各类资源，加强资源共享，减少各种资源的浪费，从节约每一度电、每一滴水、每一张纸做起；美丽科研，即建设管理规范、服务高效、信息通畅、环境优美、设施优化并富有特色的科教园区，树立人人关爱环境的风尚和氛围，自觉维护和建设美丽舒适的科研环境，弘扬生态文明，践行环境保护；快乐科研，即积极倡导团队合作，增强大局意识、互助意识，以互助合作共建凝心聚力、和谐奋进的科研氛围，鼓励热爱科研、投身科研、使科研工作成为兴趣与事业的完美结合，享受科研带来的乐趣，关注身心健康，注重科研安全和生活安全，享受健康快乐人生。

2. 两大党建创新品牌活动的内在联系

从“遗传发育所精神”到“绿色科研”，党建创新品牌活动一直力求在新的国情、党情下反映时代主旋律，所党委旨在用党建创新拉动党建工作整体的科学化、实体化、载体化，相继推出的两个品牌活动之间也注重衔接和承接并各有侧重。“遗传发育所精神”系列活动注重从文化价值理念层面统一认识、凝聚共识，着力提升的是遗传发育所人的精气神，统一的是遗传发育所人共同的价值取向；“绿色科研”系列活动则从行为方式层面统一认识、汇聚力量，帮助每一位科技工作者思考如何以一种全新的、绿色的方式进行科研工作和生活。倡导“绿色科研”理念，本身就是弘扬践行“遗传发育所精神”的重要举措，是在意识形态统一之后，向更加细致和纵深层次发展的行为方式的统一。

3. 党建创新品牌活动的重要意义

（1）党建创新品牌活动是解决“两张皮”矛盾的有益探索。改变党建工作与科研工作“两张皮”现象一直是党建创新的重中之重，既要

"仰望星空"、志存高远，又要"脚踏实地"、遵循发展规律。2012年党的十八大胜利召开，党中央提出创新驱动发展战略，这对科技界有着重要而深远的指导意义，"遗传发育所精神"系列活动的开展，就是在新形势下有效统一思想、弘扬创新精神的有力举措，符合国家对科技创新工作的新要求，党建工作的开展与科研工作的需求高度一致，营造了浓浓的创新氛围；2014年开始的"绿色科研"系列活动则始终围绕科研开展工作，目的是服务科研、促进科研，是在洞悉科研实际需求的前提下，遵循科研的发展规律而进行的谋划。同时，"绿色科研"理念的提出呼应了"十三五"规划提出的绿色发展理念，这种不谋而合正是体现了党政领导班子对党建工作和科研工作创新发展规律的准确把握和深刻洞见，这种党建工作与科研工作的高度融合正是党建工作实体化、载体化的有益探索。

（2）党建创新品牌活动是促进党建工作科学化水平的有力抓手。从党的群众路线到"三严三实"，再到"两学一做"，全面从严治党的号角逐级吹响，如何使党的思想建设、组织建设、制度建设、作风建设、反腐倡廉建设科学有效全面推进是工作的重点和难点。党建创新品牌活动在开展过程中注重与以上党建专题活动的有效整合和融合，将各项党建工作统一在一个主题思想下，服务于中心工作，进而促进党建工作的整体水平的提升。习近平总书记对中国科学院提出"四个率先"要求后，研究所党委将"绿色科研"与"三严三实"和"四个率先"要求紧密联系起来，科学部署"绿色科研"系列活动，使之变成一张强有力的网，将管理与文化、科研与党建以及人、财、物进行渗透、融合，努力促进从硬件到软件、从基础到主体的全面提升，并在活动组织过程中遵从"谋事要实、创业要实、做人要实、严以修身、严以用权、严于律己"的时代强音。党建创新品牌活动作为一个强有力的抓手加强了党建工作的科学化水平，进而为推动"率先行动"计划的落实提供了有力的保障。

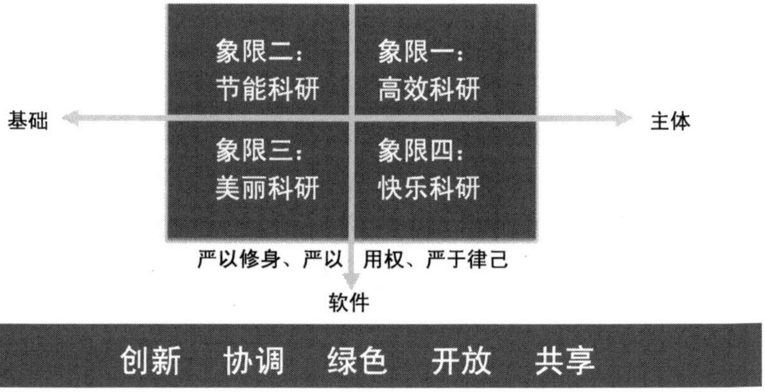

◎“绿色科研”的内涵

（二）党群协同高效开展党建创新品牌活动

1. 建立务实管用的工作机制

在开展党建创新品牌活动的过程中，遗传发育所党委紧贴主旋律、反映新要求、传承再创新，注重顶层设计，建立了独具特色的“一体两翼”研究所发展架构，从思想理论层面为党建创新实践的开展指明了方向。在党建创新的具体实践中，所党委尤其注意建立务实管用的工作机制，不断创新活动形式，贴近科研、贴近群众，党政一盘棋，以联动高效的工作方式，组织形式多样的活动，激发改革创新热情，凝心聚力，聚焦献力。

（1）科学部署“三个对接”。设计了主干活动与科研工作对接，助力一流研究所建设，促进科研产出；整合了相关活动，使“遗传发育所精神”和“绿色科研”两个主题活动对接，强化践行、传承文化；推动了扩展活动与支部、工会、妇委会、团委工作对接，创新形式，党群融合，使党委领导下的不同组织对两大党建创新品牌活动进行践行。

（2）秉承“三个融合”原则。党政一盘棋与党群相融合、科研和管理双肩挑相融合、老中青经验与活力相融合。以“厚积薄发重服务、博观约取促创新”的理念创新活动形式，着力打造有利于“率先行动”计划顺利实施的创新文化生态系统。

2. 开展联动丰富的实践活动

◎ 潘建伟院士做客“遗传发育所精神大讲坛”

（1）“遗传发育所精神”党建创新品牌活动内容。在“厚德、笃志、求索、创新”的“遗传发育所精神”表述语凝练出来以后，所党委组织了一系列升华、践行等主题实践活动，包括表述语内涵阐述、主题征文比赛、主题摄影比赛、主题微电影拍摄、主题脱口秀比赛、主题网站建设等。重磅推出了“遗传发育所精神大讲坛”系列讲座，力邀国内外著名专家学者或创新企业家前来宣讲，秉承“弘扬创新精神、启迪创新智慧”的宗旨，提升研究所的文化品位和创新文明。目前已先后邀请了全国党建研究会科研院所专委会主任委员、中央组织部党建研究所原所长、中央纪委驻中国科学院纪检组原组长王庭大同志，中国科学技术大学常务副校长、中国青年科技工作者协会会长潘建伟院士，中国科学院大学副校长、中国科学院动物研究所副所长周琪院士等做客“遗传发育所精神大讲坛”作主题报告，从党性理想信念、学科交叉、创新思维、科学精神等方面，提升研究所的科研和管理水平，使“遗传发育所精神”深入人心。连续两年自导、自演、自拍了三部微电影在研究所年终总结会上首映，全所近500人次参与其中，全面展示了遗传发育所的精神风貌和快乐科研理念。积极选树、宣传“遗传发育所精神”的励志典型，如国家最高科学技术奖得主李振声先生，中央国家机关优秀共产党员曹晓风院士，最年轻的国家杰出青年科学基金获得者、中国青年五四奖章获得者王秀杰研究员，CCTV 2014年度科技创新人物戴建武研究员，等等。

（2）“绿色科研”党建创新品牌活动内容。从发布“绿色科研”倡议书

◎“绿色科研”专用 logo

开始，广泛征集改善科研环境和管理方式的好点子、好做法，征集设计“绿色科研”专用 logo，发布配套绿色标志，并以新科研楼为试点进行全面推广使用，推动“绿色科研”理念的宣传和践行；同时，开通“绿色科研”微信平台，定期发布“绿色科研”行动指南，并将微信平台作为系列活动征集和展示的平台，深化绿色理念；在取得了阶段性成果之后，以党支部为单位开展了“提出一个绿色科研创意、选择一项绿色科研行动、成为一名绿色科研志愿者”的“三个一”创意设计践行大赛，集中展示，表彰有特色、有成效的“绿色科研”行动，该活动选在“七一”主题党日活动当天，作为向党的生日献礼，有关成果为推进科学管理模式和创新文化建设做出了实质性贡献。

同时，秉承“绿色科研”理念和谋事要实的态度，组织了全方位、多层次的培训，全方位提升科研和管理水平，如邀请腾讯科技马斌副总裁作“时代的变换”主题报告；支持各个支部紧扣高效、节能、美丽、快乐科研的主题，开展跳蚤市场、每周快乐健走、爱心捐衣、共享书架、美丽实验室创建等广受欢迎的活动；支持团委组织别具匠心的活动，如“寻找微观之美，发现科学之趣”显微摄影大赛，展示美丽、快乐科研；支持工会建设绿色健身系列协会，以群众为先吸纳会员近千人，人人提倡快乐科研，支持妇委会组织“展巾帼风采”分享交流会，通过故事分享、三代齐聚、面对面解答等形式，提升妇女半边天的科研热情；联合各级组织举办喜迎“六一”奥林匹克森林公园户外亲子活动，关心青年职工和下一代的成长，实践“将快乐进行到底”的快乐科研理念。

三、党建创新凝心聚力

遗传发育所党委围绕中心工作开展了一系列党建创新的实践，取得

◎ 科学之趣显微摄影大赛获奖作品：拟南芥小花

了实实在在的成效，实现了凝心聚力，做到了聚焦献力。在党建创新的践行中，在特色文化的打造中，领导班子更和谐了，中心工作更助力了，典型引领更突出了，基础建设更贴心了，基层声音更广泛了，文化氛围更创新了。

（一）加强了领导班子建设

对相同文化的认同和传承，为前后领导班子顺利交接和新提任领导快速融合提供了契机和保障。鉴于遗传发育所领导班子创造了研究所发展佳绩，所领导班子集体获得了“北京分院 2014 年度优秀领导集体”荣誉称号。院党组对所领导班子的评价是：发扬民主、团结协作、开拓创新、勇于担当。党建创新成为领导班子建设的有力抓手，造就了一个团结和谐、奋发有为的领导集体，凸显了“火车头”作用。

（二）助力了科研中心工作发展

遗传发育所积极响应中国科学院“率先行动”计划的号召，从国家重要战略和经济社会需求出发，谋划研究所的未来发展，所党委积极协助研究所从创新团队建设、创新价值链构建和创新机制体制上狠下功夫，主抓人才、支撑、产业、示范等主要和薄弱环节，并用绿色文化作为创新链条的推动力和润滑剂，注重与兄弟单位互通有无、借鉴学习、不断完善，保障和助力了科研中心工作的开展。

（三）带动了理想信念教育

所党委在推动党建创新工作的进程中，培养了一批忠于党、忠于人民、忠于祖国的楷模，并将“遗传发育所精神”和“绿色科研”理念的发起者和身体力行者树立为全体党员和群众的学习标杆，号召全所人员，特别是党员，按照国家战略科技力量的要求，在科技创新工作中做出突出贡献。这些优秀典型是一面面鲜活的旗帜，他们的典型事迹，是一堂堂生动的思想政治课，夯实了党员群众的理想信念，增强了党员科技人员实现“四个率先”目标的责任感、使命感，优秀典型的示范带动，引领着更多遗传发育所人去践行“遗传发育所精神”和“绿色科研”。

（四）夯实了基础设施建设

美丽、快乐科研基础设施建设，既包括软件，又包括硬件。“遗传发育所精神”和“绿色科研”特色活动直接推动了研究所新科研楼顺利搬迁和相关基础设施建设，建成了崭新的职工之家活动室，为绿色健身运动的开展提供了有力保障，建成了温馨的母婴室（又名“馨聆小屋”），受到女职工的热烈欢迎，设计完成了学术交流咖啡厅和多媒体展室，在未来也将成为遗传发育所文化展示的新标志。

（五）推动了基层民主管理与监督

在几年工作中建立起来的沟通交流渠道强化了研究所政务公开、党务公开，使领导班子成员能够深入一线第一时间聆听群众声音，解决大家关心的问题，有效推动了民主管理。基层的研究员、职工、博士后、学生在移动互联网平台上增进了交流，加强了民主建言与民主监督，增强了大家的主人翁意识。

（六）营造了创新文化氛围

研究所将绿色使命、绿色事业和创新文化生态系统建设统筹谋划，努力提升每个个体的自豪感、公平感、归宿感、满足感、成就感，进而保证了研究所整体的可持续发展，为团队和个体的幸福感提升提供了坚强的物质和精神保证。通过党建创新品牌活动努力构建的优良文化生态环境，凝聚了人心和力量，这也是党建和创新文化建设的终极目标。

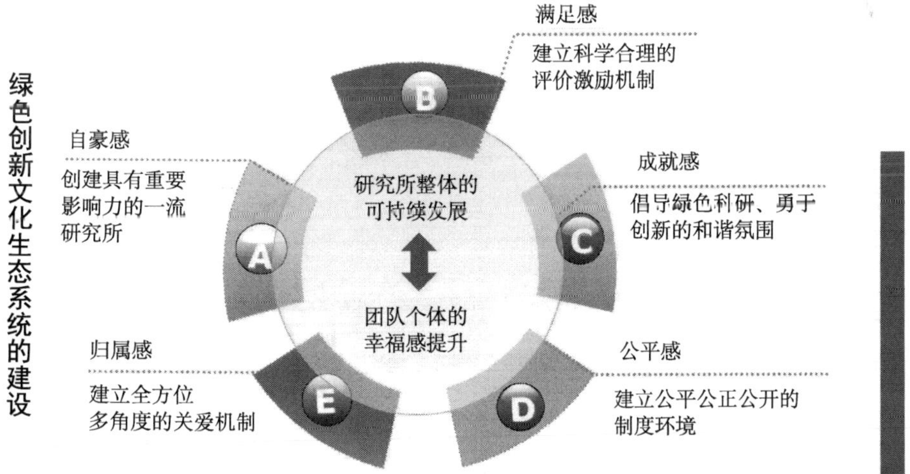

◎ 遗传发育所创新文化生态系统建设目标

党建创新品牌活动不仅快乐了科研、增强了活力、凝聚了力量、弘扬了精神，还将党政工作、党群组织统一在品牌活动的文化灵魂下，依托实体化、载体化的各类活动，编织成了美丽的快乐科研梦，散发出了遗传发育所独特的文化味道。在党建创新活动过程中，我们发现了流淌在遗传发育所人血液里的科学激情，发现了隐藏在遗传发育所人心灵深处的呐喊，发现了闪烁在遗传发育所人思想里的智慧，这就是党建创新实现的凝心聚力和聚焦献力。

四、党建创新永无止境

当前中国科学院的科技体制改革工作面临前所未有的挑战和机遇，未来党建工作依旧面临新的课题和挑战，党建创新要走在科技创新前列，各级研究所党委要坚持做改革创新的实践者、弘扬改革创新的承载者、凝聚改革创新力量的主力军。在推进党建创新的实践中，遗传发育所党委有四点体会。

（一）理念创新是指导党建创新的航标灯

没有理念创新就没有优秀传统的继承，没有理念创新就没有立意高远和长远眼光，没有理念创新就没有可持续发展的原动力。遗传发育所党委充分重视理念创新的顶层设计，善于发挥领导班子的集体智慧，协同一致凝聚共识，形成了党建理念创新的三个层次，即打牢根基、铸稳支撑、点燃亮点：以助力院所实现率先发展为工作目标，以履行四位一体管理体系为工作内容，以传承弘扬特色精神文化为工作重点，以“遗传发育所精神”和“绿色科研”党建创新品牌活动为工作抓手，使其成为“率先行动”计划的有力保障，思想政治建设的有效延伸，党建工作实体化、载体化的有益探索，创新文化生态系统建设工作的有机组成。党建创新要推动研究所整体可持续发展和个体“五感”的提升，即创建具有重要影响力的研究所，让职工有自豪感；建立科学合理的评价激励机制，让职工有满足感；倡导潜心科研、勇于创新的研究所氛围，让职工有成就感；建立公平、公正、公开的制度环境，让职工有公平感；建立全方位、多角度的关爱机制，让职工有归属感。在以上党建理念创新的指引下，所党委开创了党建工作的新局面。

（二）机制创新是实现党建创新的突破口

目标落地知易行难，唯有针对目标不断开辟符合实际的工作机制才能使党建创新真正落地、取得实效。目前科研工作的对象是科研项目，是以研究组为基本单元来展开的，不同研究组之间的管理模式和利益诉求都不尽相同，因此研究所的公共管理和人才综合素质的培养很难统筹协调；党建工作的对象是人，目标是凝聚人心，是用思想政治教育和自身组织管理把力量凝聚到研究所的改革发展中来，但是经常由于和科研主体工作的脱节导致流于形式、实效不佳，因此党建工作与科研工作的有机结合从来都是党建工作的重点与难点。所党委推出党建创新品牌活动就是从科研工作实际需求出发，用党建工作的优势资源和力量去攻克公共管理和人才培养中的难题，从而助力科研开展，并达成凝聚人心的目的，这就是一种机制创新。

遗传发育所党委从规划、人才、管理三个层面全面创新体制机制，成功将党建工作“渗透”和“融入”中心工作中。如党务工作和行政工作、党建工作和群团工作同部署、同规划，做到党政和党群一盘棋；党支部书记由研究中心负责人、研究员、处长担任，副书记由中心秘书兼任，分工会委员由中心秘书兼任等举措，使科研和管理工作能够真正做到有机融合，科研管理双肩挑也培养了既懂科研又懂管理的后备干部；在人才队伍设置上特别注重老中青相结合，就是要发挥传帮带的作用，将遗传发育所优良的工作作风和“遗传发育所精神”的光荣传统不断传承下去，真正把凝聚人心的党建工作植入推动科技创新工作的点滴之中。以上机制创新的举措保障了党建创新工作的全面、务实开展。

（三）文化创新是推进党建创新的着力点

研究所使命、事业和文化的高度融合是建设一流研究所的重要保障。遗传发育所的党建创新活动，特别是“绿色科研”品牌活动把国家战略、研究所事业和创新文化高度统一了起来，生成了独具特色的绿色创新文化生态系统：“十三五”规划将实现政治、经济、文化、社会、生态、党建走向绿色化，科研也同样需要绿色化，这是国立科研院所义不容辞的使命；遗传发育所面向现代农业和人口健康的科研布局是一项绿色的事业，我们所从事的是一个基因、一个产业，一粒种子、改变世界的绿色事业，我们肩负着为国家和人民谋福祉的绿色使命；绿色创新文化生态系统则是基于绿色使命和绿色事业凝练出来的特色文化，包含了“爱国奉献、创新为民”“厚德、笃志、求索、创新”“高效、节能、美丽、快乐”的绿色科研价值理念，目的是从精神层面将使命和事业不断进行统一融合、持续升华深化，努力将创新基因深深植入遗传发育所人的血液里。绿色使命、绿色事业、绿色文化构成了遗传发育所绿色科研创新文化生态系统的精髓，文化的创新带动党建整体工作紧紧围绕凝心聚力、聚焦献力的总主题。实践证明，文化创新是党建创新有效的着力点，带动了研究所整体创新氛围的提升。

“博学之，审问之，慎思之，明辨之，笃行之”“行百里者半九十，掘井九仞尤为弃井”。实践永无止境，创新永无止境。党建创新是永恒的课题，遗传发育所党委将继续大力推进党建创新工作，用优异的工作成绩助力“率先行动”计划的顺利实施！

（撰稿人：胥伟华　吉　顺）

中国科学院遗传与发育生物学研究所简介

遗传发育所由原中国科学院遗传研究所（建于 1959 年）、发育生物学研究所（建于 1980 年）及石家庄农业现代化研究所（建于 1978 年）三所整合而成，同时一部分分离建立北京基因组研究所。目前有一所三园区，3 个国家重点实验室，有一支 1620 多人的科研队伍，有中国科学院院士 3 位、“973”和基础研究计划的首席科学家 21 位、国家杰出青年科学基金获得者 31 位；遗传发育所党委下设 12 个党支部，共有职工、研究生、离退休党员 641 名。遗传发育所始终坚持农业可持续发展和人口健康的战略定位，研究成果曾 9 次荣获世界或中国十大科技进展。中国科学院种子创新研究院（筹）、分子模块设计育种创新体系先导专项、渤海粮仓科技示范工程、干细胞与再生医学先导专项“人工组织器官构建”项目等重大科技任务进展顺利。

推进“三型”党组织建设　促进研究所改革创新发展

▸▸ 中国科学院化学研究所

引　言

党的十八大报告鲜明指出，要“建设学习型、服务型、创新型的马克思主义执政党，确保党始终成为中国特色社会主义事业的坚强领导核心”。中国科学院化学研究所（以下简称“化学所”）党委以围绕科技创新这一中心工作为目标，着力加强学习型、服务型、创新型基层党组织建设，在京区党委开展的“聚焦献力”主题实践活动中，结合基层党组织实际情况进行了深入的实践，打造出以有机固体、分子纳米结构与纳米技术和工程塑料等党支部为代表的先进基层党支部典型，培养了一批有战斗力的创新团队和个人，为研究所改革创新发展提供了坚强的思想政治和组织保证。

一、党建工作背景

党建工作是科研单位整体工作不可分割的重要组成部分，也是科研单位推进科研和各项工作的重要保证。当前，中国科学院正在全面实施“率先行动”计划，党建工作如何结合科研单位实际，如何进一步引领、服务和促进“率先行动”计划，为改革创新发展提供坚强的政治和组织保证，在新的历史时期至关重要。

化学所党委在党建工作开展中坚持不断思考准确定位，认真参与制定、组织实施化学所“十二五”规划和“一三五”发展目标中的各项任务。化学所党政密切配合，党员所领导全部是党委委员，对化学所党建工作的开展起到了强大的支持和促进作用。所党委结合研究所的实际，积极参与所“十二五”规划的总结和“十三五”规划的起草与制定工作，在推动知识创新、促进和谐发展、提升管理绩效、提高服务水平等方面开展了有效的工作。

目前，化学所共有党员 977 人，其中在职职工党员 343 人、学生党员 441 人、离退休职工党员 193 人。

化学所现有 14 个基层党支部，除离退休党支部和机关党支部外，其他 12 个党支部的书记均为科研一线的研究员，大部分为所在实验室或中心的主任或副主任，他们的科研业务水平和道德水准高，在国内外具有较高的学术影响力，是科研人员的学术和道德楷模，真正起到了科研和党建的先锋模范作用。

近几年，化学所党委以京区党委“聚焦献力”主题实践活动为抓手，充分发挥基层党组织的战斗堡垒作用和共产党员的先锋模范作用，鼓励党支部工作与科研工作有机结合，不断提升党支部在科技创新中的战斗力和凝聚力，为研究所的快速发展和“率先行动”计划的全面实施提供坚强有力的思想保证和组织保证。

二、党建工作特色做法

党的基层组织的地位和作用决定了它是党在社会基层组织中的战斗

堡垒，是党的全部工作和战斗力的基础。夯实基层党支部的建设是提高党支部凝聚力和战斗力的基础，而组建强有力的基层党支部是做好支部自身建设最重要的一环。

多年来，化学所党建工作的定位，始终以围绕创新、服务创新、促进创新为准则，以围绕研究所和实验室中心工作，促进创新为目标，着力加强基层党组织建设。在京区党委开展的“聚焦献力”活动中，化学所结合基层党组织实际情况，进行了有益尝试并取得了很好的效果。所党委将科研组织模式融入党建创新活动中，鼓励党支部结合自身特点组织有特色的活动，以课题申请方式撰写申请书，每年择优资助支持 2 ～ 3 个党支部，深受各基层支部和广大党员欢迎。几年来，“聚焦献力”的课题项目包括科普、到贫困地区献爱心、营造良好的科研环境和科研道德氛围等方面，各支部组织开展了多种形式的特色活动，并取得良好效果，打造出了以有机固体党支部、分子纳米结构与纳米技术党支部和工程塑料党支部等为代表的先进基层党支部典型，充分发挥了基层党组织的战斗堡垒作用。

（一）创新方法以学促做，建设学习型党支部

化学所工程塑料党支部是一个以年轻科研工作者为主、充满活力的党支部。针对支部党员的构成特点，党支部以“两学一做”为抓手，通过创新学习方式，激发党员同志的学习、思考和工作热情，努力建设学习型党支部，提出了“以学促做，争创科研岗位先锋”的口号，以更好地服务于实验室的中心科研任务。该支部的学习活动内容入选第二届中央国家机关十大学习品牌案例征集展示活动。

1. 精心组织，创新学习方式

（1）建立自学微信群。为了方便党员自学，党支部建立了支部党员的微信群，便于大家第一时间掌握最新的学习教育动态和学习内容，增强学习意识，同时通过微信群加强党员相互之间的学习交流，有效增强党员队

伍的凝聚力和战斗力。

（2）集体观看《信仰》纪录片。利用中午休息时间组织党员集中观看纪录片《信仰》，通过观看和学习一个个先进党员的事迹，提高党员们的思想认识。

（3）党小组集体交流学习心得。采取按党小组的形式进行学习研讨，由于人数少没有距离感，每位党员都有充足时间发言，有些党员坦率提出各种疑惑，在小组中引发共鸣和热烈讨论，老党员结合自身经历解答，效果更显著。

◎ 工程塑料党支部集体交流学习心得

（4）支部大会集中学习，集中交流研讨。通过支部委员以内容丰富的PPT形式带领党员一起学习党章主要章节，回顾党章的历史沿革。各党小组长在会上汇报党员学习情况及小组会大家的交流情况，起到了交流和相互促进的作用。

（5）聆听党校专家的党课。党员进一步从多个角度、深入浅出地理解党章内容和“严守政治纪律和政治规矩”的内涵，做到严于律己。

（6）丰富“心灵氧吧”图书角。该支部建立了一个“心灵氧吧”图书角，积极引导师生育德励志、启智明史，培养爱读书、读好书的良好习惯，帮助青年党员正确思考，深刻认识当今社会现象，提升明辨是非能力，使学习更加生动，更有效果。

2. 激发党员学习和思考的热情

为了激发青年党员在学习的基础上进行深入思考的热情，党支部还创新了一系列工作方法。同时，为了把知识转换成为推动中心工作的能力，该支部还坚持和开展了系列专业学习和营造良好科研氛围的活动。

（1）书写学习感悟，并在实验室做集中展示。党支部要求每位党员在学习的基础上，通过认真思考撰写学习感悟，并将所有学习感悟在实验室进行展示，通过展示不仅可以真切感受到大家的认真思考和体会，而且可以增进党员之间的相互学习与交流。

（2）创精品学术交流平台，办金建青年学术沙龙。为了营造学术交流氛围，增加青年人才，尤其是广大研究生的学术交流机会，促进交叉学科的发展，党支部创办了“金建青年学术沙龙”，每两个月举办一次，每期邀请 3 ～ 4 位青年科研人员或研究生围绕某个主题介绍自己的研究工作，同时邀请本室或室外资深的研究员参与交流、给予指导。由于交流时间充分，讨论深入，气氛活跃，大家感觉收获更大。

3. 激发党员科技工作者的工作热情，推动实验室中心科研工作

通过“两学一做”学习教育以及建设学习型党支部的一系列活动，实验室的各位党员科技工作者对自己提出了更高的要求，每个人都努力争创所在科研岗位的先锋，涌现了一批表现优秀的党员科技骨干和党员研究生。

通过“两学一做”学习教育及创建学习型党支部活动，工程塑料党支部的凝聚力得到增强，党员的学习能力得到提高，党员的形象得到提升，有效促进了实验室的科研工作进展。该实验室的研究特色是围绕国民经济发展中急需的重大高分子材料关键技术问题开展研究，近年来，实验室在高分子纳米材料型石油降粘剂、纤维素膜清洁生产、环保型聚酯催化剂开发、长碳链尼龙制备等关键技术方面均取得重要突破。

（二）围绕科研中心，构建服务型党支部

化学所分子纳米结构与纳米技术实验室是中国科学院重点实验室，自成立以来，先后主持研制成功我国第一台计算机控制的原子力显微镜、低温扫描隧道显微镜等纳米检测表征设备，为我国纳米科技的发展奠定

了技术基础。随着京区党委“聚焦献力”主题实践活动的开展，在化学所党委的部署和指导下，纳米党支部积极响应，充分发挥基层党组织的战斗堡垒作用，开展了多种特色活动并取得良好效果。该支部立足服务，加强工作，大力推动了党支部整体建设。

（1）服务科研，促进发展。为充分发挥实验室汇集不同学科背景研究人员的人才优势，分子纳米结构与纳米技术党支部积极配合实验室管理工作，共同提升实验室在科技创新活动中的竞争力。为了解纳米科技发展趋势和前沿信息，多年来，该党支部与实验室共同策划举办学术活动，营造科技创新氛围。每年联合举办全实验室学术交流会，邀请所外知名科学家作纳米科技前沿讲座。党支部还鼓励研究生积极参与学术活动。该党支部在实验室每年的年度总结会上对实验室获得化学所所长奖、青年科学奖等科研奖励的青年党员进行表彰，为其颁发“创先争优先进个人”荣誉证书，鼓励大家学习先进，争当先进。

（2）服务党员，凝心聚力。为提高党员的宗旨意识，分子纳米结构与纳米技术党支部拓宽学习方式，除邀请院士作形势报告、深入分析时政外，还整理发送相关学习材料，加强党员的思想教育和科研责任感。该党支部特别重视对科研骨干的组织发展工作。对实验室引进的非党员科研骨干，党支部结成一对一的帮扶对子，从他们进入实验室就关心其工作与生活，帮助解决工作中遇到的困难，努力营造温暖的工作与生活环境，使其全身心投入工作。

（3）贴近群众，服务群众。分子纳米结构与纳米技术党支部从满足群众个性化、多样化需求入手，开展了大量特色活动。在实验室的学术交流室设置图书角，为职工和研究生购买学习书籍，帮助其加强思想教育。组织实验室师生经常开展羽毛球、乒乓球、爬山、健步走等健身活动，在加强体育锻炼的同时有效增进彼此的交流。党支部还特别重视听取群众的意见和建议，尽心尽力帮助解决实际困难。每年除对职工进行年度考核外，还要求每位研究生撰写个人年度书面总结，并在总结中设置对党支部及实验室工作的意见建议板块，充分听取群众心声，调动全体师生参与实验室和党支部建设的积极性。

（4）奉献爱心，服务社会。分子纳米结构与纳米技术党支部一直积极履行服务公众、回馈社会的责任和义务，每当有地区遇到灾害和困难时，实验室师生都积极响应化学所党委的号召，党员干部带头踊跃捐款奉献爱心。分子纳米结构与纳米技术党支部已连续四年组织党员代表在年末赴石景山区打工子弟学校华奥小学捐赠图书、体育和教学用品等。在“聚焦献力”主题实践活动中，党支部在所党委的专项支持下，开展“走进乡村，服务绿色农业”主题活动，前往昌平区流村镇五个下辖村参观交流，带去多种绿色种植、植物保护及化学科普知识等图书和专利叶面肥产品，研究生党员还向当地农民作“纳米与生活”等多个科普小讲座。

党支部的积极参与成为推动该实验室科技创新的重要驱动力。近几年，该实验室在基础研究和应用研究领域都取得大量优秀科研成果，一项基础研究成果获国家自然科学奖二等奖，多项应用研究取得重要进展并得到规模化应用。2013 年，该实验室在化学领域院重点实验室评估中获优秀；2013 ～ 2014 年，实验室入选科技部“创新人才推进计划重点领域创新团队”；2014 年，分子纳米结构与纳米技术团队获“中国侨界贡献奖”创新团队奖荣誉称号；2016 年，党支部荣获中央国家机关和中国科学院优秀基层党组织荣誉称号。

（三）凝聚创新力量，建设创新型党支部

化学所有机固体的研究始于 20 世纪 70 年代，在我国老一辈化学家钱人元院士直接指导下，经过十几年的努力，于 1991 年成立了化学所有机固体实验室，1994 年经批准成立中国科学院有机固体开放实验室，2001 年更名为中国科学院有机固体重点实验室。在室主任朱道本院士带领下，在分子材料与器件前沿交叉领域取得了一批具有创新意义的研究成果和各种荣誉称号，显示出了强大的创新能力。

◎ 分子纳米结构与纳米技术党支部组织的科技服务绿色农业活动

该实验室十分重视支部党建工作，将党建工作定位在围绕创新和促进创新上，党支部一切活动都围绕科研中心任务开展，努力通过各种党支部活动营造积极向上的创新氛围，增强凝聚力，让每个成员都能以饱满的热情投身到科研创新实践中。

实验室经常举行内部的学术交流会议，相互学习，开拓思路，共同探讨科研中的新问题和新发现，加强研究人员之间的沟通，促进不同分支学科之间的交叉融合，营造自由、民主的学术氛围。党支部协助实验室定期或不定期地开展各种学术讲座和学术沙龙活动，活跃了学术氛围。特别值得倡导的是，党支部每年都围绕“知识创新工程”和“知识创新”国家战略，就“为什么要走自主创新之路”“怎么走自主创新之路”和“谁来护航走自主创新之路”三方面问题，邀请实验室主任、老党员朱道本院士为新进入实验室的人员讲课。从古代中国的强盛到近代中国的衰落，再到现代中国的强势崛起，朱道本院士通过生动形象的阐述，引领年轻人进一步了解中国历史，正确认识“现代中国的发展强大，需要自主创新”的重要性，明确了中国科学院“自主创新、重点跨越、支撑发展、引领未来”的发展目标，激发并坚定了年轻人为祖国的科研事业奋斗的决心。

实验室还邀请国际一流的科学家来实验室进行面对面的学术交流，学习他们在创新方面的先进经验，如剑桥大学卡文迪许实验室的亨宁·西林豪斯（Henning Sirringhaus）教授在实验室工作三个月期间，与实验室的研究人员、学生进行了充分交流，就新型打印电子器件开展了共同研究，取得了一系列创新合作成果。同时，党支部邀请所、实验室和兄弟单位的杰出科研工作者为学生和年轻的科研人员作讲座，就具体的创新案例进行解析，发掘成功的经验。党支部还请退休的老同志为在读的学生和年轻科研人员就化学所、实验室的发展历史、科研道德等方面进行培训。这些活动已形成制度，取得了非常好的效果。

多年来，在几代人的共同努力下，有机固体实验室组织并承担了大量的国家“973”、“863”项目、国家自然科学基金委员会和中国科学院等重大项目，取得了一大批有重要影响和创新的研究成果，先后获得8项国家自然科学奖二等奖和多项中国科学院自然科学奖一等奖和二等奖。同时，面向国家战略需求，实验室科研人员在应用研究方面也取得了丰硕的成果。

三、党建工作主要成效

多年来，化学所党建工作始终以围绕创新、服务创新、促进创新为准则，使党建工作有所依托，更有效果，落到实处。

（一）围绕中心，服务大局，通过全面加强党建工作，推动了中心工作

近几年，化学所党委不断思考党建工作如何结合科研单位实际，如何进一步引领、服务和促进“率先行动”计划，为创新驱动发展提供坚强的

组织保证，为研究所分类改革、科教融合卓越中心建设提供制度依据和政治核心保证。

在总结“十二五”工作的基础上，在全面计划和总体部署“十三五”规划阶段，按照中国科学院“创新2020”的总体部署和要求，化学所党委继续坚持围绕“率先行动”计划开展党建工作，党政领导班子多次召开专题会议深入学习“率先行动”计划，召开中层干部会议，深入解读和宣讲“率先行动”计划。同时，结合分子科学科教融合卓越中心建设工作，落实“率先行动”计划实施方案，所党委积极参与战略规划委员会、学委会、实验室主任对话会等会议，广泛征求意见，积极参与分子科学科教融合卓越中心建设；充分发挥政治优势和组织优势，支持行政班子大力推进分子科学科教融合卓越中心建设工作。

化学所贯彻落实“率先行动”计划，深入实施“一三五”规划，面向化学科学前沿，取得了一批有重要影响的基础研究成果，2015年在中国科学院开展的研究所“十二五”任务书验收中，化学所的3个重大突破、2个重点培育方向领域均被中国科学院遴选为优秀，其中重大突破领域“分子反应基础与器件”和“纳米绿色打印制版技术”入选中国科学院25项“十二五”期间通用领域重大科技成果及标志性进展。2013年在中国科学院组织的国际评估中，化学所被专家组认定为是中国国内最有影响的化学研究机构，并在分子纳米结构、纳米材料、分子材料与器件方面的工作达到或接近国际先进水平。在发表SCI论文数、论文被引用数等方面，连续十多年名列全国科研机构前茅，特别是高水平论文数量不断增长，在*Nature*发布的“2015中国自然指数”（Nature Index 2015 China）综合排名中，化学所进入全国科研机构前10名，位居中国科学院科研机构第一名，显示了化学所基础研究的实力和创新能力；化学所专利申请和授权数在中国科学院研究机构中名列前茅，一批重要成果应用于国民经济和国防建设；人才队伍结构和素质不断提高，研究生培养质量稳步提升；积极倡导交流与合作，与诸多国内外重要化学研究机构及组织建立了良好的合作关系，在国内外学术界的影响力显著提高；党建和创新文化建设取得优异成绩，建成了一支结构合理、创新能力强的研究队伍和一支高效精干的管理和支撑队伍。

（二）凝聚人心，以人才促发展，打造党建优秀团队，带动实现研究所创新跨域

近年来，化学所党委工作坚持围绕中心，结合研究所工作，建立长效工作机制，始终坚持用事业凝聚人才、用实践造就人才、用机制激励人才，在人才队伍建设中重在培养、严格要求、严格管理。建立特色工作模式，重点在人才团队的建设和支持支部开展特色工作方面，开展了大量工作，获得了良好的效果。

有机固体实验室党支部通过不断加强自身建设，注重发挥党员的骨干和带头作用，已形成一支素质精良、思想活跃、敢于创新的研究队伍。有机固体实验室取得了一大批有重要影响和创新意义的研究成果，先后获得 8 项国家自然科学奖二等奖、多项中国科学院自然科学奖一等奖和二等奖。实验室和党支部获得了很多荣誉。该支部连续多年被评为化学所精神文明先进党支部，2005 年有机固体实验室被人事部和中国科学院评为先进集体，2007 年有机固体分工会被中国科学院工会授予先进分工会称号，2010 年有机固体党支部被授予中国科学院京区先进基层党组织荣誉称号，2011 年有机固体党支部荣获中央国家机关先进基层党组织和中国科学院先进基层党组织称号。

分子纳米结构和纳米技术实验室，研究员和课题组组长全部为共产党员，分子纳米结构和纳米技术党支部以切实服务实验室科研为工作中心，不断加强自身建设，重视党员发展工作。该实验室和党支部十分重视青年人才的引进和培养，先后吸引多位留学海外的优秀青年学者回国工作，汇集 5 名“百人计划”入选者、6 名国家杰出青年科学基金获得者、3 名“973”计划项目首席科学家，皆为共产党员，形成一支知识和年龄结构合理、学科交叉性强、思想活跃、敢于创新的研究队伍。2014 年，荣获“中

国侨界贡献奖”；2016年，党支部获得中央国家机关和中国科学院优秀基层党组织荣誉称号等。党建工作也极大地促进了科技创新工作，实验室获得过多项国家自然科学奖二等奖，同时也培养了多个国家杰出青年科学基金获得者、中国青年科技奖获得者、“万人计划”、中组部青年拔尖人才等，同时还培养了多名高级科技和教育管理人才。

近10年来，化学所党建工作在京区党委组织的“党建创新”奖评选中获得1次一等奖、2次二等奖、多次三等奖。有机固体党支部、分子纳米结构与纳米技术党支部先后获得中国科学院先进基层党组织和中央国家机关先进基层党组织称号；工程塑料党支部学习活动内容入选“第二届中央国家机关十大学习品牌案例征集展示活动”，在“两学一做”学习教育活动中，该支部的学习做法在全院“以学促做”专题视频会议上作为优秀党支部交流发言，并以汇报交流材料方式印发全院。化学所还有多名党员获得中国科学院和京区优秀党员、优秀党务工作者称号。

四、推进党建创新的启示

多年来，化学所的党建工作之所以取得诸多成绩，是党委充分认识到，只有党建工作准确定位，发挥政治核心作用，全面加强基层党支部建设，充分发挥基层党组织战斗堡垒作用，树立先进典型发挥党员的先锋模范作用，不断增强基层党组织的凝聚力、战斗力和创造力，才能进一步激发广大党员的积极性、主动性和创造性，更好地团结和带领广大职工群众团结一心、拼搏进取、促进研究所实现健康可持续发展。

（一）准确的党委工作定位，为研究所创新发展提供坚强政治保障

每年年初化学所党委在做年度工作计划时，都会结合研究所中心工作，做好前期调研，不断探索党建工作创新的新举措、新方法。同时，党政密

切配合，对化学所党建工作的开展起到强大的支持和促进作用，在推动研究所自主知识创新、促进和谐发展、提升管理绩效、提高服务水平等方面也发挥了重要作用。

（二）加强基层党组织建设，为研究所创新发展提供有力组织保障

建立完善的基层组织，配备高素质的支部书记队伍，对研究所党建工作的开展，提供了坚强的组织保证，也能充分发挥党支部在科技创新工作中的战斗堡垒作用。同时，以围绕研究所和实验室中心工作促进创新为目标，着力加强基层党组织建设，各支部在开展具体工作中，结合支部特点来开展工作。通过鼓励党支部工作与科研工作有机结合，不断提升党支部在科技创新中的战斗力和凝聚力，为研究所的快速发展和“率先行动”计划的全面实施提供坚强有力的思想保证和组织保证。

（三）凝聚人心，以人才促发展，引领带动研究所创新发展

在党建工作中，要将党建工作和人才管理工作相融合，用事业凝聚人才，用实践造就人才，用机制激励人才。要注意在不同年龄的研究员和课题组组长中发展党员，充分发挥他们在研究所和实验室的模范带头作用，打造一批有战斗力的创新团队和个人，并充分发挥其示范引领作用。以党建促科研，进而引领并推动研究所实现创新卓越，推动科技创新，促进和谐，为形成强有力的科技创新团队营造良好氛围。

2016 年，党中央提出在全党开展“两学一做”学习教育，化学所党委高度重视，结合“两学一做”学习教育的要求和习总书记视察中国科学院的讲话精神，以“两学一做”为抓手，把学与做有机统一起来，以学促做，学做兼顾，努力建设学习型党支部，力争使化学所的党建工作做到服务于科技创新，服务于党支部，服务于党员和群众。

目前，化学所按照中国科学院“率先行动”计划的部署成立了分子科学

科教融合卓越创新中心。所党委坚持“围绕中心，服务大局”，认真组织学习有关政策，开展关于中心建设的研讨和部署，组织全所职工积极参与，组织协调所内各部门认真研究卓越创新中心相关政策，党的基层组织在改革中的引领示范、保驾护航作用得以充分体现。化学所党委通过汇聚最具创新活力的化学科学优秀人才，建设高水平的分子科学前沿交叉研究平台，组织国内和国际重大研究计划，形成有利于创新、合作和重大成果产出以及科教融合的新机制，成为我国分子科学研究领域重大成果的发源地，率先建成特色鲜明、国际一流的分子科学研究中心，引领分子科学领域的发展。同时也充分调动研究所资源，办好中国科学院大学化学学院，培养创新型人才，使中国科学院大学化学学院成为国际上著名的化学科学人才培养单位，成为优秀年轻学子向往的化学科学殿堂，为中国科学院率先建成国家创新人才高地做出贡献。

化学所今后的党建工作，将继续坚持创新的做法，不断提出新的工作思路，继续引领、服务和促进“率先行动”计划，为改革创新发展提供坚强的政治和组织保证。

（撰稿人：李　丹　李蕴能　王笃金　杨淑霞）

中国科学院化学研究所简介

化学所成立于1956年，是以基础研究为主，有重点地开展国家急需的、有重大战略目标的高新技术创新研究，并与高新技术应用和转化工作相协调发展的多学科、综合性研究所，是具有重要国际影响、我国最高水平的化学研究机构之一。

化学所主要学科方向为高分子科学、物理化学、有机化学、分析化学、无机化学。现有3个国家重点实验室、

8 个中国科学院重点实验室、1 个中国科学院先进高分子材料国防科技创新工程中心、1 个分析测试中心。

化学所拥有一支高水平的科研、管理、支撑队伍，目前共有在职职工 619 人，其中研究员 109 人、副高级 243 人。培养和造就了一大批优秀和杰出人才，包括中国科学院院士 14 人、发展中国家科学院院士 5 人、陈嘉庚化学科学奖 / 何梁何利基金科学与技术进步奖获奖者 5 人、国家杰出青年科学基金获得者 57 人、“千人计划”和中国科学院“百人计划”入选者 63 人、中国青年科技奖获得者 5 人、中组部“万人计划”入选者 11 人、科技部创新人才推进计划入选者 8 人、国家基金委优秀青年基金获得者 11 人。先后组建 10 个基金委创新群体、5 个中国科学院 – 国家外国专家局创新团队、2 个科技部创新人才推进计划重点领域创新团队。化学所是新中国最早一批招收和培养研究生的科研机构，1978 年以来，化学所共招收研究生 6014 人，目前有在学研究生 971 人。

所党委下设 14 个党支部，现有党员 977 人。

“主题党日”注活力 “聚焦献力”促创新

▶▶ 中国科学院微电子研究所

引 言

在建设一流研究所、锻造微电子行业国家队的征程中，中国科学院微电子研究所（以下简称“微电子所”）党委坚决贯彻落实党中央、院党组的方针政策和京区党委的工作部署，坚持围绕创新、服务创新、促进创新的总体思路，不打折、不走样、不落后地完成了上级部署的各项“规定动作”，高质量、高标准、创新性地开展了“自选动作”，扎实开展“聚焦献力”主题实践活动，狠抓党支部建设、党员队伍建设和青年人才队伍建设，带领广大党员干部、职工群众投身科技创新。微电子所党建工作创新的具体实践为“率先行动”计划和“一三五”规划实施提供了坚实的组织保障、人才保障和持续动力。

一、工作背景

微电子所党委以组织建设和人才队伍建设为切入点、深入推进党建工作创新，主要基于以下三点考虑。

（一）提高党支部凝聚力和创造力

党支部是党的全部工作和战斗力的基础，是创新基层党建工作的载体。微电子所党委高度重视党支部建设，注重在调动党支部积极性、激发党支部创造力、增强党支部凝聚力方面下功夫。2014年，微电子所按照“三个面向”“四个率先”的新时期办院方针，重新规划科研布局，将原有按学科方向设置的科研单元改革为行业服务、行业应用、核心产品、基础研究四类机构。如何保障、服务和促进重大产出？党建工作要与改革创新同步。微电子所党委及时跟进，对所属党支部进行了重新布局。2015年上半年，所党委所属23个党支部全面完成了换届选举。如何使调整后的党支部焕发出新的生机和活力、进一步巩固和加强党支部建设，是摆在所党委和各新任基层党务干部面前的新课题。

（二）建设素质过硬的党员队伍

党员是党组织的细胞和党的活动的主体，党员有生机，党组织才有活力。党员科技工作者是党员队伍中的高素质群体，是先进生产力的代表，是十分宝贵的人才资源。如何将党员培养成骨干、不断增强先锋模范意识、大力推动科技创新中心工作是研究所党建工作的重要职责。当前，全党上下正在大力开展“两学一做”学习教育，微电子所党委在做足做好“规定动作”的基础上，不断探索“自选动作”，引导全体党员在做合格党员的基础上，争创“共产党员先锋岗”，时刻以先进党员的标准严格要求自己，力求将“两学一做”学习教育引向深入。

（三）打造能力突出的青年人才队伍

人才是研究所的宝贵财富，青年人才是研究所可持续发展的重要保障。微电子所党委一贯重视青年工作，始终将青年职工的培养提升到关系研究所可持续发展的战略高度，紧密围绕研究所科研布局和青年成长需求设计活动，开展符合青年特点、吸引青年积极参与的主题活动，为他们成长成才创造条件。自“知识创新工程”三期以来，微电子所人才队伍结构发生了很大变化，截至 2016 年 9 月底，微电子所在职职工平均年龄为 34 岁，35 岁以下职工 756 人，占职工总数的 68.7%。青年职工已经成为微电子所科技创新的生力军和骨干力量。

二、特色做法

微电子所党委坚决贯彻落实党中央、院党组的方针政策和京区党委的工作部署，坚持围绕创新、服务创新、促进创新的总体思路，紧密结合研究所实际，扎实开展“聚焦献力”主题实践活动，创新性地开展了“最佳主题党日”创建活动、“共产党员先锋岗”创建活动和“岗位大练兵暨青年技术能手大赛”，为“率先行动”计划和“一三五”规划实施提供了坚实的组织保障、人才保障和持续动力。

（一）开展“最佳主题党日”创建活动，创新活动方式载体，夯实基层组织建设

在深入推进“率先行动”计划和“一三五”规划的过程中，微电子所党委策划开展了“最佳主题党日”创建活动，使党支部工作规范化精细化水平、凝聚力创造力得到了提高，使党支部工作有了抓手、能力得到了锻炼、效果得到了检验。

1．认真谋划，精心设计

所党委在充分调研的基础上，明确了“最佳主题党日”创建活动的五项基本要求：创建活动不仅是一次“单日”活动，也可以是全年的活动，还可以是系列活动；创建活动不仅是年度工作要求，而是今后一段时间全所党建重点工作；创建活动不是“可选动作”，而是“必选动作”，每个党支部都要结合实际明确主题、设计方案、提交评审、验收考核，作为述职

◎ 微电子所微电子重点实验室党支部赴高崖口中心小学开展科普支教活动

◎ 微电子所机关党支部组织参观中国科学院与“两弹一星”纪念馆

评议考核的重要内容和评选表彰的重要参考；创建活动不是普通的组织生活，而是主题鲜明的特色活动；创建活动不是仅仅由支委成员参加的活动，而是要求全体党员都参与。2015 年“七一”前夕，所党委以“向‘一三五’聚焦、为‘率先行动’献力”为主题，制订了实施方案，以课题申报的形式，面向所属各党总支、党支部正式启动“最佳主题党日”创建活动。

2．组织严密，有序推进

（1）过程管理规范化。创建活动严格按照“申报—评审—实施—验收”的流程进行闭环管理。在申报环节，各党支部根据实施方案认真撰写立项申报表，明确活动主旨、创建内容、具体安排、预期效果、经费预算，明确各党总支/支部书记为第一责任人。在评审环节，所党委组织有所两委委员、工青妇组织负责人、党员代表参加现场评审，择优确定创建示范项目，分别给予经费额度支持，并对每个项目如何取得更好的效果提出改进建议。在实施环节，党委办公室按照各项目实施计划，每月初进行提醒和督促，及时协调帮助解决实施过程中的问题。在验收环节，所党委将创建活动作为党支部述职评议考核的重要内容，从参与率、实际效果和预算执行等方面进行现场评分，评选出年度“最佳主题党日”活动并给予表彰奖励。

（2）参与对象全覆盖。创建活动得到了各党总支党支部的积极响应和党员群众的踊跃参与。所属2个党总支、23个党支部均围绕科技创新中心工作，认真策划、提交了活动方案，党员参与率超过95%，实现了党支部、党员参与全覆盖。

（3）活动形式多样化。创建活动有与“三严三实”专题教育结合的理论学习、座谈研讨，有与推动科技创新中心工作结合的业务培训、经验交流、技能大赛，有与“爱党、爱国、爱院、爱所、爱岗”教育结合的主题参观、征文比赛，有与践行社会主义核心价值观结合的扶贫支教、社区服务、科技助残等社会公益活动。各创建活动与所党委主办的“和谐杯”知识竞赛等有效衔接、上下联动、优势互补，形成了合力。

（4）传播方式多渠道。在创建活动过程中，所务公开平台、宣传栏及时进行活动预告；各微信群、QQ群进行活动现场报道、实时发布；所刊《芯天地》、所网站均开辟了“最佳主题党日”专栏，进行集中报道；中国科学院网站、中国科学院北京分院网站、《中国科学院党建工作简讯》也对创建活动的相关信息给予刊载。线上线下传播方式的有机结合使创建活动得到了全方位的宣传。

（5）经费支出精细化。创建活动提倡节俭、节约，立项项目可以使用本支部年度活动经费和创建经费支持，未获得立项支持的党支部可使用本年度活动经费开展活动，以有限的资金支出取得了良好的效果。

为了进一步推动创建活动取得实效，微电子所党委把创建活动作为一项长期工作，根据不同时期党建工作的新任务确定新主题，在做深、做细、做精上下功夫。“做深”，即既鼓励各党支部单独申报，也鼓励跨支部联合申报，通过支部间的交流带动科研单元间的交流，进而推动不同学科方向的融合发展；“做细”，即延长活动时限，提高资助力度，根据不同类别设置“最佳主题党日”单项奖，给予党支部更多的支持和鼓励；“做精”，即对可复制、可借鉴、可推广的特色活动给予重点支持，打造、培育一批提得起、立得住、推得出、叫得响的品牌，不断提升党组织的凝聚力、创造力。

（二）开展“共产党员先锋岗”创建活动，注重引领带动示范，锻造党员过硬素质

微电子所党委始终将党员队伍建设作为党的建设的重要基础性工作抓紧、抓实、抓好，组织开展“共产党员先锋岗”创建活动，充分发挥党员先锋模范作用，引导党员争创先锋、争做榜样。

1. 明确标准，精心定岗

所党委根据中央关于党建工作的新要求，结合研究所实际，在广泛征求党务干部和党员代表意见的基础上，提出了“三严三实”“四讲四有”和“五带头”的创建标准。各党支部根据工作实际和党员分布情况确定创建对象人数，在支委会充分讨论、支部大会征求意见的基础上，确定本党支部候选人员。“七一”前夕，所党委组成评审委员会，依据创建标准对各党支部推荐的候选人员进行评审，评审结果在全所范围公示后正式授予“共产党员先锋岗”创建对象称号。

2. 亮明身份，挂牌上岗

所党委将“共产党员先锋岗”创建对象在所务公开平台上公布，制作颁发“共产党员先锋岗”座牌，亮明党员姓名、岗位职责和服务承诺；要

求将“共产党员先锋岗”座牌摆放在创建对象办公桌的醒目位置，主动接受群众监督，激励他们带头学习提高、带头争创佳绩、带头服务群众、带头遵纪守法、带头弘扬正气。

3. 注重引领，动态管理

在创建活动过程中，创建对象充分践行“一名党员一份责任、一名党员一面旗帜”，老党员以身作则、率先垂范，在项目策划争取、教书育人等方面发挥示范表率作用；年轻党员思维活跃、大胆创新，在科研攻关、拓宽领域等方面发挥带动引领作用。各党支部注重发挥创建对象的榜样作用，为青年职工党员、入党积极分子配备创建对象作为指导教师，在政治上、思想上予以引导，在业务工作上给予指导，帮助他们尽快成长、成熟、成才。

所党委以年中“共产党员先锋岗”创建评选和年度党建述职评议考核为契机，每年组织两次创建对象述职活动。创建对象向所在支部全体党员做工作述职，接受党员民主评议。符合创建标准的对象将继续保留“共产党员先锋岗”称号，出现违法违纪问题、重大责任事故的将取消称号并收回座牌。对在创建活动中涌现出的先进典型，所党委通过所刊《芯天地》、所网站等载体积极宣传，以点带面，推动工作。

为了使“共产党员先锋岗”进一步发挥示范带动作用，微电子所党委将进一步细化“共产党员先锋岗”设置，针对科研岗位党员、管理支撑岗位党员和学生党员分别设置“科研创新岗”“服务标兵岗”和“品学兼优岗”；扩大创建范围，将全所在职党员、学生党员全部列为创建对象，严格考核评价，实行考评末位退出机制，以此激励全体党员立足本职、创先争优，做合格党员、争当党员先锋。

（三）开展“岗位大练兵暨青年技术能手大赛”，搭建舞台拓展平台，服务青年成长成才

微电子所党委高度重视人才队伍建设，把促进人才特别是青年人才发展作为党建工作的重要内容，自 2011 年起，指导所团委开展了四期“岗

位大练兵暨青年技术能手大赛”，助力青年成长成才，打造高素质的人才队伍。

1. 明确活动主题

“岗位大练兵暨青年技术能手大赛”以“聚焦‘一三五’，献力‘创新2020’”为目标，以“开展岗位大练兵，争当技能型人才”为主旨，岗位练兵、技术比武，以练促赛、以赛检练。通过开展岗位大练兵，激发广大青年学技术、钻技能的热情，调动爱岗敬业、奋发进取的积极性，营造重视技能、比学赶帮超的氛围；通过技术能手大赛，选拔出一批素质优良、本领过硬的技能型人才，为研究所可持续发展提供人才支撑与保障。

◎ 微电子所“岗位大练兵暨青年技术能手大赛”比赛现场

2. 精心设计内容

岗位练兵贯穿全年。“岗位大练兵”以“红五月”为开端，紧贴研究所科研、管理和支撑工作实际，设置“集成电路设计主题月”“集成电路工艺主题月”“ARP主题月”等主题活动月，所团委统一协调、各团支部具体实施，通过邀请专家作主题报告、举办专业技能培训、与相关企业开展技术交流等形式，开展内容具体、特点鲜明、效果明显的系列练兵活动。

技术比武年终收官。“技术大比武”分为科研新星组、公共技术平台组、管理支撑组和科普创意组等竞赛项目，立足实际工作，考察不同重点：科研新星组以研究所“三个重大突破和五个重点培育方向”为核心，采用模拟项目申报答辩方式，重点考察选手思考和阐述研究所未来潜在科研方向的前瞻性、可行性和创新性的能力；公共技术平台组分为工艺方向和电路方向，通过笔试考察选手的专业知识掌握程度，通过芯片筛查、电路板焊接等考察选手的实际操作技能；管理支撑组通过基础理论答卷和上机操作，考察选手对政策常识、管理流程的掌握以及ARP系统、Office办公软件的操作能力；科普创意组要求各参赛队通过现场展示的方式，呈现微电子学相关技术领域的基本原理、工作机制分析、技术应用等。各组别比赛第一名获评“微电子所青年技术能手”称号，科研新星组第一名获得所长基金专项支持。

3. 各方积极参与

“岗位大练兵暨青年技术能手大赛”得到了所党政领导的高度重视和大力支持，党委书记李培金不仅倡议开创本项活动，而且对活动方案提出具体意见、建议，指导各环节工作推进。所长叶甜春多次听取活动汇报，在百忙之中抽出时间观摩比赛，还现场为参赛选手演示芯片切割。“千人计划”入选者、“百人计划”入选者等专家应邀授课，为青年职工、学生指点迷津、传道授业解惑。大赛由所团委主办，党委办公室、人事处、所工会、所妇委会、所青促会小组等积极协办，各科研单元无偿为活动提供设备、器材、耗材，各团支部积极承办单项活动。所团委还通过“青年之窗”、宣传海报等形式多角度宣传大赛。大赛表现出了很强的吸引力，参赛职工已累计2000余人次。

自2013年起，中国科学院团委推广微电子所举办大赛的成功经验，连续举办中国科学院京区青年技术能手大赛，取得了良好效果。2015年，“岗位大练兵暨青年技术能手大赛”成为中国科学院京区唯一一个入选团中央首届机关事业单位“团建优品汇”的经典案例。微电子所将进一步优化大赛的组织形式和比赛内容设置，使活动更具吸引力、更有成效，引导广大青年立足岗位、苦练技能、学技成才、潜心致研，早日成为本职工作的行家里手。

三、主要成效

微电子所党建工作创新的生动实践为研究所各项事业发展提供了坚强有力的保障。

（一）保障科研工作取得新成绩

党建创新活动在研究所学科方向布局调整、科研项目争取、重大任务攻关等重要工作中发挥了积极作用。近年来，微电子所共获得国家科学技术进步奖 2 项，国家技术发明奖 3 项，国防科技进步奖 2 项，北京市科学技术奖 4 项。在中国科学院“十二五”评估中，研究所“三个重大突破”中“器件与电路”“物联网核心技术与示范工程”获评“院百优重大突破”，“集成电路先导技术”获评“中国科学院 2014 年杰出成就奖”，“五个重点培育方向”中“高端通用芯片与设计新技术”获评“院百优重点培育方向”。2007 ～ 2015 年累计到位经费 36.2 亿元，研究所专利申请量连续五年位居全院前三名，专利授权数量连续三年位居全院首位、2015 年位居全国科研单位首位。

（二）推动党员队伍建设呈现新气象

党建创新活动使广大党员经历了规范的组织生活、严格的党性锻炼和深刻的思想教育，党员队伍不断壮大、素质持续提升，党员的先锋模范作用得到充分彰显。截至目前，在岗的 135 名“共产党员先锋岗”创建对象中有中层干部 14 人、副高级及以上职称人员 43 人、党务干部 31 人。在 2015 年度党建述职考核中，有 44 名创建对象获评“优秀”，占当年创建对象总数的 70%。党组织对一线科研人员的吸引力进一步提升，近三年新发展的 50 名党员中有科研人员 46 名，占 92%。目前，全所在职职工中，党员占 48.7%；专业技术人员中，党员占 50.2%；副高级及以上人员中，党员占46%；中层及以上干部中，党员占61%。

（三）助力人才队伍建设取得新成效

与2006年相比，目前微电子所研究员队伍增长了近3倍、副高级人员队伍增长了近20倍，其中40岁以下青年骨干占62%。为保证人尽其才、才尽其用，所党委政治上关心、业务上支持、生活上照顾引进人才，积极争取各项政策支持，建立起了“党委牵头、广泛参与、部门合作、上下联动、人事协调”的行之有效的人才工作机制和保障机制，实现了培养引进人才与争取科研项目并举，形成了事有人干、人有事干、留得住人、干得出活的良性循环。党建创新活动将青年职工的注意力“聚焦”到本职工作中，对自己的岗位有了更加客观的认识、对自己的工作有了更加深刻的理解、对自己的发展有了更加清楚的定位，以更加饱满的热情投入本职工作。参加四届“岗位大练兵暨青年技术能手大赛”的选手和组织者中，已有40余人晋升为副高级及以上职称、成为中层管理干部，大部分参赛者已经成为本岗位的骨干和中坚力量。

（四）党建工作在创新中实现新突破

微电子所党建工作的创新实践获得了高度肯定。微电子所党委先后8次获评中国科学院京区“党建工作创新奖”，其中一等奖2次、二等奖3次、三等奖3次，在京区党委2015年度述职评议考核中排名第一；硅器件中心党支部先后获评中央国家机关先进基层党组织、中央国家机关基层服务型党组织建设优秀典型、中国科学院先进基层党组织、中国科学院京区党委先进基层党组织；所团委获评2009～2011年度中央国家机关五四红旗团委。叶甜春先后获评中央国家机关优秀共产党员、中国科学院优秀共产党员、中国科学院先进工作者、中国科学院京区党委优秀共产党员，李培金、马强获评中国科学院京区党委优秀党务工作者，马强获评中国科学院优秀党务工作者，陈岚获评中国科学院京区党委优秀共产党员。微电子所党委注重党建工作、思想政治工作理论研究，先后承担、参与全国党建研究会科研院所专委会、中国科学院党建研究会、院政研会、北京市朝阳区“两研会”课题15项，获得各类优秀成果奖10项，在《科苑人》杂志发表文章6篇。

四、创新启示

一是要切实增强党建工作的责任感和使命感。作为基层党委，要深刻认识到加强和改进新形势下基层党建工作的重要性，要有认真履行职责的觉悟、埋头苦干的意志、勇于担当的胆识、敢于创新的精神，竭尽全力做好本职工作。

二是要明确定位、服务大局，解决科研工作和党建工作“两张皮”问题。要始终坚持“围绕中心、服务大局”，以服务和促进科研成果产出作为最大的“政治”，找准载体、把握契机，实现党建工作与科研工作的有机结合、相互促进、相得益彰。

三是要做好“规定动作”，创新“自选动作”。在不折不扣落实上级各项工作要求的基础上，结合本单位实际情况，不断创新党建工作的思路、形式、载体，探索提升党建工作的新方法、新途径。

四是要办实事、求实效，把党的工作与管理工作有机结合。要时刻关注职工群众的切身利益，千方百计为职工群众办实事、做好事、解难事。要把党建工作与日常管理工作相结合，以党建促管理、以管理推党建，实现党建工作与管理工作的共同提升。

五是要抓好“四支队伍”建设。“四支队伍”即领导班子队伍、党务干部队伍、党员队伍和群众组织队伍。要坚持民主集中制和集体决策，通过党委中心组学习、民主生活会等形式加强自身建设，打造坚强有力的领导班子。要选好配强党支部班子，选拔党性观念强、业务水平高、热爱党务工作的党员担任党支部书记，打造素质过硬的党务干部队伍。要以促进个人事业发展为着眼点，把骨干发展为党员，将党员培养成骨干，打造高素质的党员队伍。要加强对所职代会和工会、所团委、所妇委会、离退办和研究生会工作的指导、支持，充分发挥群团组织的作用，打造充满活力的群众组织队伍，使党的工作全面活跃。

（撰稿人：李培金　马　强　徐子梁　赵志刚）

中国科学院微电子研究所简介

微电子所成立于1958年，是我国半导体与集成电路事业的开创者与开拓者。进入跨越发展新阶段以来，微电子所“率先行动”计划的战略定位是中国微电子技术创新的引领者和产业发展的推动者。目前，微电子所是国内微电子领域学科方向布局最完整的综合研究与开发机构，是中国科学院大学微电子学院（国家示范性微电子学院）、中国科学院EDA中心、中国科学院物联网研究发展中心的依托单位，是国家科技重大专项集成电路装备及工艺前瞻性研发牵头组织单位、国家重大专项的重要承担单位。现设有4个行业服务类研发中心、5个行业应用类研发中心、3个核心产品类研发中心和2个基础研究类中国科学院重点实验室。截至2016年9月底，微电子所共有在职职工1100人，其中科技人员731人、科技支撑人员296人，包括中国科学院院士2人，研究员及正高级工程师78人（含“万人计划”入选者1人、“千人计划”入选者10人、“百人计划”入选者24人），副研究员及高级工程技术人员240人。

微电子所党委现下设2个党总支、23个党支部，其中在职党支部14个、离退休党支部5个、研究生党支部4个。截至2016年9月底，全所共有党员808人，其中在职党员536人、离退休党员197人、研究生党员75人；现有专兼职党务干部105人。

党建工作与外场科研任务互融互促“三部曲”

▸▸ 中国科学院国家空间科学中心

引　言

多年来，中国科学院国家空间科学中心（以下简称“空间中心”）党委坚持在外场科研任务中加强党建工作，经过不断的实践、研究和改进，逐步形成了独具特色的党建工作与外场科研任务深度融合的“三部曲”工作模式，即深入调研，系统梳理外场科研任务的主要特点；直面挑战，客观分析外场党建工作的特殊困难；综合发力，有效采取党建服务外场科研的重点措施。相关做法在中央国家机关工作委员会“两优一先”、中国科学院京区党委“聚焦献力”等活动中得以推广，曾获得多项表彰，并被多家兄弟院所借鉴和推广。

一、工作背景

2016年9月15日22时04分，搭载着“天宫二号”空间实验室的“长征二号”FT2运载火箭从酒泉卫星发射中心点火发射。一个月后，执行与“天宫二号”交会对接任务的“神舟十一号”载人飞船，在酒泉卫星发射中心发射升空后准确进入预定轨道，顺利将两名航天员送上太空。

2016年4月18日，我国首颗微重力科学实验卫星“实践十号”在顺利完成12天的太空飞行后，其回收舱于16时30分准确降落在内蒙古四子王旗预定着陆区域，搜索回收任务顺利完成。

2016年2月1日15时29分，我国在西昌卫星发射中心成功发射了一颗北斗导航卫星，取得了中国科学院2016年系列航天发射任务的“开门红”。

2015年12月17日，我国在酒泉卫星发射中心用“长征二号”丁运载火箭成功将暗物质粒子探测卫星发射升空，之后，这一卫星的成功发射“入选”习近平主席2016新年贺词。

2011年11月3日，中国第28次南极科考队170人乘坐“雪龙号”科考船从天津启程前往南极大陆。2012年4月8日，考察队圆满完成各项考察任务，乘坐“雪龙号”极地考察船凯旋。

……

随着我国科技创新实力的不断增强，这类科技新闻时常见诸各大媒体，其报道的一件件重大的科研活动无不承载着中华民族的科技强国梦，标志着我国科技创新发展一个又一个里程碑。仔细观察，不难发现这些科研任务有着一个共同的特点——科技成果的喜报不直接来自于实验室，而是来自于野外、基地，甚至是国外。

党的十八大报告中强调要全面提高党的建设科学化水平。形势的发展、事业的开拓、人民的期待，都要求我们以改革创新精神全面推进党的建设新的伟大工程，全面提高党的建设科学化水平。创新基层党建工作，夯实党执政的组织基础，充分发挥党组织的战斗堡垒的重要作用是提高党建科学化水平的重要方面之一。应该看到，外出执行大型科研任务是一项重之又重的工作，成败的因素很多，如科研实力、技术条件、质量管理水平、地理环境、天气条件、人员素质，等等。可是，有一个重要问题一度被忽略，这也为科研机构的党建工作带来了新的命题——能否通过有效的、科学的党建工作，提高科研队伍的凝聚力、战斗力，促进和保障这类大型科研任务的圆满成功?

自 2011 年起，空间中心便开始探索在外场科研任务中如何加强党建工作，经过不断的实践、研究和改进，逐步形成了比较成熟的工作方法，开创了党建工作与外场科研任务互融互促的先例，多次在中国科学院内重要会议上进行交流并得到多项表彰。在中国科学院京区党委“聚焦献力”主题实践活动和“党建创新奖”评选中，这一做法在院内外得到推广，被多家兄弟院所借鉴。

二、党建工作与外场科研任务的深度融合“三部曲”

近年来，根据国家空间科学发展战略规划，空间中心承担起越来越多的国家重大科研任务，随之带来了越来越多的外场科研任务。

外场科研任务是指需要较多的科研工作者在一段相对集中的时间内，共同在野外、发射场，甚至国外执行的科学研究任务，它广泛地存在于空间科学、海洋探测、地质考察、矿藏勘测等多个学科领域。2011 ～ 2016 年，空间中心组织大型外场试验任务多达数十次，涉及试验人员数百人，其中包括子午工程、探月工程、空间科学先导专项等多个国家级重大任务。

如何在外场科研任务中发挥好党组织的功能？空间中心党委拓宽工作思路，创新工作方法，探索出党建工作与外场科研任务的深度融合“三部曲”。

（一）第一部：深入调研，系统梳理外场科研任务的主要特点

为了探讨党建工作在重大外场科研任务执行中的作用，中心党委通过问询、现场调研、资料分析等一系列方法，系统梳理了空间科学外场科研

任务的几个主要特点，实现了对党建服务对象的深入了解。

1. 环节重要，任务艰巨

例如，在航天任务中，发射火箭、卫星平台、星上设备等所有航天设备在经历了数年的研制之后，都必须运到基地进行统一的总装、联试，最终才能发射升空。

2. 人员少、时间紧、压力大

空间科学卫星计划、探月工程等航天项目都是复杂的大系统工程，但是进入发射场后，由于基地生活条件的限制，必须精简人员，每个试验队员身兼多职。此外，由于任务的原因，对外场任务的执行时间往往都有要求，试验流程环环相扣，并行串行，相互结合交错。卫星要在特定的窗口期发射，科考需要在特定的季节里完成等。因此，试验任务都有严格的时间节点计划，不允许拖期。再有，航天和海上试验等任务耗资巨大，丝毫的疏忽都可能造成巨大的经济损失，使数年的努力付之东流，因此，每一个参加任务的人员都肩负着重大责任，面临极大的工作压力。

3. 持续时间长且条件艰苦

以航天任务为例，从试验队出发、质检、联试、对接试验、合练到转场评审、发射准备就绪、完成发射任务、各项设备正常开机运转，在发射场的时间少则几周，多则数月。与此同时，临时工作地点的条件通常都很艰苦。南极和野外的生活条件自不必说，即使是国家级的航天发射基地，虽然国家近年投入很多，条件比“两弹一星”时期有了极大改进，但因为交通等方面的局限，依然要克服很多工作和生活上的困难。

4. 试验地点远离家乡

外场科研试验往往在地广人稀的地方。比如，酒泉卫星发射中心坐落在沙漠与戈壁滩的中心；条件最好的西昌发射场距离最近的中型城市也有近两个小时的车程；太原发射中心距离太原有数个小时的车程；中国科学院海南探空部坐落在海南岛上一个偏僻的小镇。试验队员在远离原工作地点的同时，也远离了家人、朋友，文化娱乐生活减少了很多自不必说，有时甚至不能尽到为人父母、为人子女的基本义务，每天重复着宿舍、试验场与食堂三点一线的生活，这对试验队员的心理会带来极大的影响。

（二）第二部：直面挑战，客观分析外场党建工作的特殊困难

要针对上述工作的特点，做好重大外场科研任务中的党建工作，必须首先明确工作的目标和工作的重点，必须看到重大外场科研任务中的党建工作与我们日常的党建工作相比，有一定的不容忽视的特殊性，主要体现在以下四方面。

1. 地理上远离单位党委，无法实时请示沟通

党委在日常工作地点，而试验队都在外地，甚至是很偏远的地方，试验队有什么思想动态，经常无法及时反映到党委。同时，由于位置所限，党委往往也无法了解全面情况，处理问题时就可能考虑不周，处理不当，甚至会让试验队的党员们误会党组织不关心他们，从事实上脱离了组织的管理，放松了对自己的要求，对党组织产生意见，认为没有得到足够重视。

2. 重视项目进度，忽视党建工作

外场试验任务环环相扣，质量要求严格，加班加点是经常现象，在工作紧、任务重的时候，试验队员思想压力大，对党建有抵触，跟他谈马列、谈思想有时会适得其反，容易放任自流，也不接纳党的管理，对组织生活、党课、谈心等组织生活产生排斥情绪。

3. 没有严密完善的组织机构，人员大多来自多个单位

根据科研需求，试验队往往由多家单位、各种政治面貌的人组成，心理上存在“没人管了”的心态。特别是不同单位的试验队员组织在一起时，存在“别的单位的领导管不了我”的心理，削弱了队伍的凝聚力。

4. 信息闭塞，了解外界信息不及时

由于保密工作的需要，或者试验场地本身条件所限，在执行许多外场

重大科研任务期间，甚至没有互联网，有时连电话也不畅通。这就容易导致人心不稳，与各级党组织的联系和沟通不畅，广大党员及群众都无法及时了解时事、政策和日常信息，造成误解和误读，给党建工作增加难度。

（三）第三部：综合发力，有效采取党建服务外场科研的重点措施

1. 成立试验队临时党支部

从 1927 年“三湾改编”开始，我们党就确立了党对军队领导的根本组织制度，基本要求是，在红军的连队中建立党的基层组织——支部委员会，以保证党对军队的绝对领导。这种制度被毛泽东概括为“支部建在连上”。这一制度在红军部队中得以普遍实行，确保了党对军队的绝对领导，加强了军队的政治工作，提高了部队的战斗力，具有重大意义。毛泽东在总结井冈山斗争经验时深刻指出：“红军所以艰难奋战而不溃散，‘支部建在连上’是一个重要原因。”

在外执行任务的科研队伍，就像一个个外出作战的连队，只不过，他们面对的不是敌人，而是一个个技术难题，是攻坚克难的科研任务本身。为了提高这个队伍的战斗力，保证科研任务的顺利进行，从 1999 年 11 月参加“神舟一号”发射任务开始，空间中心就向中国人民解放军总装备部、中国航天科技集团等共同执行任务的兄弟单位学习，建立试验队临时党支部，为外场科研任务搭建战斗堡垒，明确责任分工，实现对试验队员的有效组织。

这一组织方式广泛地应用于空间垂直试验探空火箭、空间科学先导专项发射和地面支撑等重大外场任务中。临时党支部的书记大多由试验队的队长或其他主要领导担任，保证了科研任务和党建工作在组织机构方面的高度统一，为实现二者的整合奠定了基础。

2. 围绕任务提升技能

试验队的临时党支部虽然建立起来了，但由于经验不足，长期以来未

能有效地开展工作，只是在试验工作间隙组织开展了一些娱乐活动和体育比赛，在思想教育和促进科研方面的作用并不明显。

之后的数年中，空间中心党委反复研究，逐渐认识到成立临时党支部不是目的，要以学习型、服务型、创新型党组织的建设要求加强组织建设，以增强党性、提高素质为重点，加强和改进党员队伍的教育管理，致力于为外场科研任务提供强大的思想保障。

建设学习型、服务型、创新型组织的前提就是学习。学习理论，学习时政，学习先进与典型。具体措施包括：选取理论基础好、业务精的党员或者骨干，联系业务活动，对党员进行专题讲座；由党支部牵头开展“双想”活动，在任务期间，分析技术、管理、思想上的成绩与教训，防微杜渐，提高全体党员的素质；建立导师培养机制，为党员、群众和积极分子设立导师，导师关心试验队员的业务难题与思想难题。

◎“嫦娥三号”试验队员在放射源安装现场

例如，在“嫦娥三号”任务中，卫星上要安装多个放射源，当发现队伍中出现了“谈核色变”的思想波动时，临时党支部及时作出判断，提出要让试验队员以科学的态度面对挑战，通过举办涉核专题讲座，让更多的人了解放射源知识，打消他们不必要的顾虑；同时组织试验队员梳理操作流程，制订应急预案，做好服务保障，从各方面消除试验队员的恐慌心理，稳定军心。

3. 及时掌握思想动态

作为一线的临时党支部，应该及时了解试验队员的思想动态。对于上进的思想要予以鼓励与肯定；对于颓废、后进的苗头要及时发现，寻找原因，积极纠正。

为增强思想政治工作的针对性和实效性，空间中心党委派专人或支部负责增进组织与个体的沟通，做到“对于新参加试验队的队员要谈心；岗位调整要谈心；职级晋升要谈心；批评处分要谈心；遇到挫折或家庭困难要谈心，有了好思路、好建议也要谈心”。

4. 在实战中锻炼队伍

外场科研任务的紧迫性和艰巨性使之犹如一场科技创新的战斗，对于团队合作能力、个人综合素质都是极大的挑战和锻炼。空间中心党委以人为本，在保障任务执行的同时发现和培养人才，在实战中锻炼队伍。

在“嫦娥三号”发射任务中，有效载荷发射场试验队党支部充分发挥党组织对人才的培养和管理功能，在发射基地推行“新队员提前入场熟悉情况”“老队员与新队员成对结组”等工作，极大地提升了队伍的整体作战能力。

早在2013年，空间中心党委就明确指出要在任务执行过程中对表现突出的党员加以培养和表彰，使外场任务成为发现和培养干部的有效途径。作为落实这项要求的一个具体措施，中心党委结合当年京区党委在“聚焦献力”方面的具体要求，设立了“聚焦献力”特别奖，专门用以表彰和激励在外场科研任务中表现突出的组织，并邀请其代表作大会先进事迹发言，这些先进代表中有科研人员、管理人员，还有后勤保障人员。这项措施有效地激发了大家为科技创新贡献力量的积极性。

5. 做好“大本营”的保障服务

科研机构的党委是党建工作的组织者，也是党的路线方针政策的执行者，因此要充分体现以人为本的工作方式，关心同志、爱护同志，解决试

◎ 空间中心党委、群团组织开展慰问试验队员及其家属活动

验队员的后顾之忧，构建和谐融洽的工作氛围。

每次执行重大外场科研任务时，空间中心党委领导都带头深入试验场地一线。通过调查研究与慰问等形式，了解试验队员的真实需求，围绕需求有针对性地开展工作；同时，发挥工、青、妇等党群组织的功能，给予试验队临时支部充足的人力、物力和财力的支持，组织丰富的业余活动与体育比赛等，切实为试验队员解决业务难题与家庭困难，借此使队员们真切地感受到党组织的关怀和温暖，真诚拥护党的领导，发自内心地接纳党的各项工作。

三、“三部曲”实现了党建与科研的互融互促

在外场科研任务中探索和运用“三部曲”工作方法，最终目的是为了实现党建工作与科技创新深层次上的互融互促，从根本上杜绝“两张皮”现象的出现，把党建工作多年来坚持的“围绕中心，服务大局”的目标和要求落实到位。空间中心在推进和改进“三部曲”的过程中，初步取得了以下效果。

（一）在保障任务成功的同时不断提升了党建水平

在探空火箭、探月工程、暗物质卫星、“实践十号”卫星等历次外场科研任务中，试验队党支部充分发挥党的组织优势，有效地凝聚人心，提升战斗力，以党建深挖队伍“软实力”，使各项科研水平达到任务本身的“硬指标”，保障了任务的最终成功。

新的党建方法不仅保证了科研任务的顺利实施，也同时成就了党建自身的改进和进一步创新。随着科技的发展，外场科研任务的要求和难度也在逐步提高，各种特殊的困难在这个过程中暴露出来，党组织不断面临和挑战新的问题，对于如何服务科研的思考和实践也在这个过程中不断地深入，党建工作水平随之持续获得提升。

2013 年，在空间垂直试验探空火箭任务中，空间中心党委结合此项任务中的党建实践，总结出外场执行任务党建工作“四要素”——“引、带、帮、促”。“引”，即通过组织学习，引导党员与其他试验队员与全体员工自我成长、自我提升；“带”，即通过先进典型的模范带头作用，带动党员与广大群众；“帮”，即帮助试验队员解决思想问题、生活问题、业务难题；“促”，即促进个人的自我提升，促进单位的人才培养，促进科技创新和组织目标的实现。虽然与以往相比，这次的研究和提炼就当时而言是一次较大的进步，然而与其他领域的党建还是具有同质化的倾向，缺乏科研院所自身的特点。

2014 年年底，在已有党建创新经验的基础上，空间中心党委结合“嫦娥二号”任务中的党建工作实践，对于外场科研任务中党的工作方式进行了更进一步的研究和探讨，提出“党建工作与项目管理紧密融合”的工作方法，借用项目管理的理论探讨如何改进外场科研任务中的党建工作，提出通过党建与任务目标、执行理念、组织方式、管理过程方面“四融合”，尝试将党支部放在项目责任主体的位置上，使党建工作与工程任务各主要环节高度衔接，将党建工作从副线转为主线。

显然，“四融合”方法有效地弥补了此前“四要素”方法的不足，更贴合科技创新的实际需求，提升了可操作性，是专门针对外场科研任务的可行建议。

如今，在“四融合”的基础上，空间中心党委进一步深入研究，提出“党建工作与外场科研任务的互融互促‘三部曲’”，以空间中心多年的工作实践为案例，尝试着提炼外场试验中党建工作的要领，并改变以往只谈“党建服务科研”的单向思路，尝试着探讨“党建服务科研，科研促进党建”的双向工作思路，努力完成中心党建工作的“三级跳”。

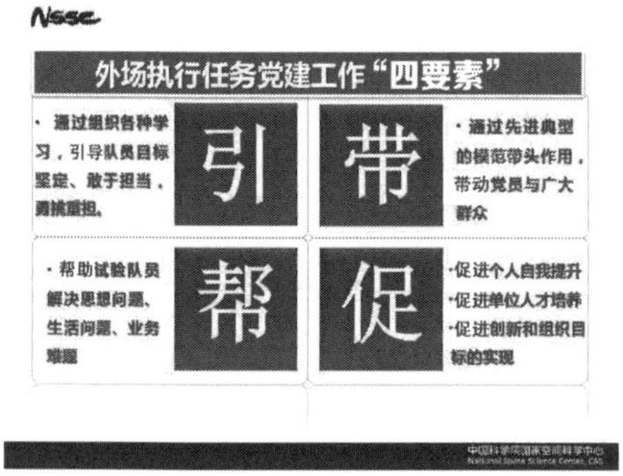

◎ 外场执行任务党建工作“四要素”

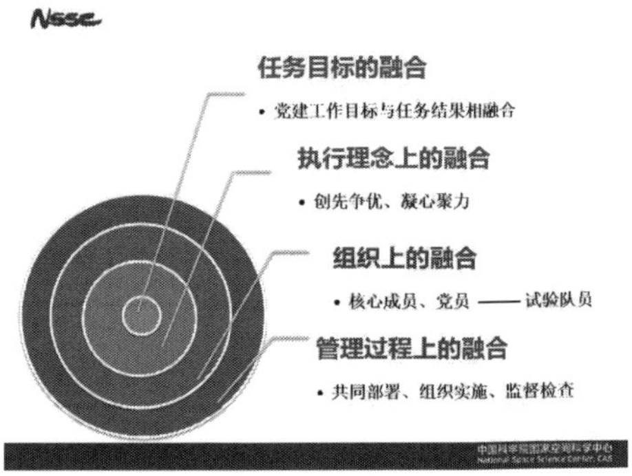

◎ 外场执行任务党建工作“四融合”

（二）在提升业务技能的同时不断壮大了党的队伍

十八大报告中提出党管人才的原则，把各方面优秀人才要集聚到党和国家事业中来，广开进贤之路，广纳天下英才，是保证党和人民事业发展的根本之举。

空间中心党委认真践行中央要求，在外场任务中通过组织生活提高队伍的整体业务水平，使之成为中心人才培养的有效方式，形成了“人人皆可成才、人人尽展其才”的生动局面。目前，许多人已成长为科研骨干力量，承担起更多、更新、更重的任务。

在党建服务科研的同时，科研也给予了党建彰显向心力的机会，加深了科研骨干对党的认识和理解，激发了他们加入党组织的积极性。很多职工在结束外场任务后向党组织表达了入党的意愿。自 2012 年起，在大型任务的实施过程中，已经发展科研骨干十余名入党，其中包括两名“百人计划”研究员。

（三）在丰富研究所文化内涵的同时不断强化了党的影响力

近年来，空间中心党委努力发挥党建的牵引力，使研究所文化与科技成果同步得以发展和丰富。如今，“严谨敬业、协同合作、勇于攻坚、无私奉献”的试验队精神已成为空间中心的文化内涵之一，在各项科研任务中得以传承和发扬。

在这个过程中，空间中心在外场科研任务党建方面的探索多次得到上级党组织的肯定，除多次获中国科学院京区“党建工作创新奖”外，“嫦娥三号”有效载荷发射场试验队党支部还获得了中共中央国家机关工作委员会授予的“两优一先”先进基层党组织的荣誉，相关事迹全文刊登于中共中央国家机关工作委员会的《紫光阁》（2016 年第 8 期）、中组部的共产党员网、新华网、《中国科学报》的头版头条，强化了空间中心在全院乃至全社会的影响，给中心的广大职工带了极大的荣誉感，使大家直观地感受到党建对于鼓舞人心、凝聚力量的重要意义，进而强化了党的影响力。

四、在党建创新方面的启示

空间中心党委在不断推进党建创新的过程中，也在不断地思考和总结党建创新本身的方法论。

（一）坚持问题导向

党建工作与外场科研任务的互融互促“三部曲”采用了“发现问题、分析问题、解决问题”的方法论，力争为党建创新思路提供严谨的推导过程：瞄准党建服务的对象；分析服务对象的具体特点；在此基础上思考党建工作所面临的困难和目前存在的不足；进而提出切实可行的对策；根据措施的实际效果，反观其可行性并进一步改进，最终保证党建工作新举措的科学性和可操作性。

（二）在“规定动作”中寻找创新点

空间中心关于在外场科研任务中的党建工作思路的第一次飞跃出现在2013年。这一年，京区党委部署了“聚焦献力”主题实践活动。回过头来看，“聚焦献力”为空间中心党建创新工作指明了方向，提供了思路，是空间中心推进党建创新工作的直接动力和灵感源泉。

自十八大以来，中央持续加强党的工作，群众路线实践教育、“三严三实”、“两学一做”等一系列重点工作为我们改进党建的方式方法提供了契机。在“规定动作”中寻找创新点，符合科研院所中心工作对党建的实际需求。

（三）提升党委创新能力

基层党委不仅负有落实上级党组织指示精神的责任，同时也应承担起不断改进党的工作方法的任务。党委委员在理论功底、创新意识、对科研工作的熟悉程度等方面的综合素质，影响着研究所党建创新的水平。近年来，空间中心以中心组学习、党务干部培训班等为主要手段，不断加强党委委员顶层策划能力，强调“学、思、践、悟”的培养模式，帮助委员们夯实理论基础，设立委员与支部之间的定点联络制度，加深对一线工作的认识，坚持“围绕科研、服务科研”这一党建工作原则，不断根据科研生产的实际需求协调、改进和丰富党建工作方法，使党的工作保持持久的活力。

（四）以发展的眼光创新党建

科学发展观对党建创新具有很强的指导意义，主要体现在以下两个方面。

（1）“三部曲”与一般的党建创新的不同之处在于，它是“创新中的创新”，它不仅强调“服务科技创新”，同时努力让党建分享“科技创新的红利”，使党建创新和科技创新互为因果，相互促进，建立良性循环机制。

（2）“三部曲”讲究对既有党建创新成果的继承和发扬，使科研院所党建创新呈现出体系化和传承性。就外场科研任务中的党建创新而言，在探空火箭、探月工程中的创新成果目前已被应用于空间科学先导专项的任务中，并进一步得到丰富和发展，为下一步创新党建工作提供参考借鉴。

如今，以中国科学院为代表的中国科技界承担着通过科技创新发展生产力，实现中国科技强国梦的重要使命，这对研究所的党建创新提供了发展的机遇，也提出了更高的要求。空间中心党委将努力发挥党组织的优势，继续探索，总结经验，让党旗在每个科研任务的现场、每位科研人员心中高高飘扬，使党的建设在科研活动的重大环节发挥更大的作用，为扛起空间科学事业的大旗提供坚强有力的保障，为实现中国科学院“率先行动”计划做出重要的贡献！

（撰稿人：黄康平　周　谊　赵　悦）

中国科学院国家空间科学中心简介

空间中心是我国空间科学领域的核心研究机构，也是支撑空间科学先导专项的战略高技术研究中心，通过对空间科学及其卫星工程的系统性和总体性管理及开展相关技术研究，引领空间科学发展，带动空间技术创新。截至2016年年底，空间中心设有11个在职党支部、2个党总支、5个离退休党支部、3个研究生党支部。

空间中心是我国第一颗人造地球卫星“东方红一号”的摇篮；曾经是我国载人航天应用系统的总体单位；提出

并主持实施了我国首个空间科学探测项目——“地球空间双星探测计划”、首个深空探测项目“萤火一号”和“子午工程”等一系列国家重大任务；还承担了我国探月工程项目应用系统的技术总体工作、“风云”、“海洋系列”应用卫星相关任务；目前牵头组织实施空间科学先导专项。

多年来，空间中心党委立足科技创新实践，紧密结合中心科技创新实际情况，以问题为导向，不断创新党建工作的思路、形式和方法。自2011年起，空间中心连续5年获中国科学院京区党建工作创新奖（其中一等奖1次、二等奖2次、三等奖2次），所属党支部曾获中共中央国家机关工作委员会“两优一先”先进基层党组织、中国科学院“聚焦献力”主题实践活动先进基层党组织等荣誉称号。

凝聚党外代表人士共识
夯实发展创新共同思想基础

▸▸ 中国科学院生物物理研究所

引　言

统一战线是党的三大法宝之一，凝聚党外代表人士的共识，加强党外人士队伍建设，夯实发展创新的共同思想基础，是推进科技创新、建设国际一流研究所的一项重要工作。中国科学院生物物理研究所（以下简称“生物物理所”）党委通过落实工作责任、完善基础信息、落实联系交友制度、定期沟通和通报工作、支持民主党派发展、为民主党派基层组织活动提供保障等项工作，注重发现和培养党外人才，充分尊重和发挥党外人士的重要作用，为研究所创新发展提供了重要的智力支持和思想保证。

一、相关背景

党外代表人士是党和国家人才队伍的重要组成部分，是推动中国特色社会主义事业的重要力量。培养使用党外代表人士，是我们党的一贯政策，是我国政治制度的安排。党和国家历来重视党外人士队伍建设工作，2012年2月2日，中央印发《中共中央关于加强新形势下党外代表人士队伍建设的意见》(中发〔2012〕4号)；2013年2月22日，院党组印发了《关于加强新形势下党外代表人士队伍建设的实施意见》(科发党字〔2013〕5号)；2015年5月18日，中央印发《中共中央关于印发〈中国共产党统一战线工作条例(试行)〉的通知》(中发〔2015〕14号)；2015年10月26日，院党组印发《中共中国科学院党组贯彻〈中国共产党统一战线工作条例(试行)〉实施细则》(科发党字〔2015〕40号)。2016年1月7日，院党组专门召开了全院统战工作会议，院长、党组书记白春礼同志讲话并对基层单位落实中央和院党组精神作出部署。《中共中国科学院党组贯彻〈中国共产党统一战线工作条例(试行)〉实施细则》对基层单位党委做好统战工作提出了非常明确的要求和六个方面的基本职责。按照中央、院党组的要求和北京分院分党组、京区党委的部署，生物物理所党委根据研究所党外人士分布和结构的实际情况，深入调查研究，认真开展党外人士队伍建设工作。

二、研究所统战工作主要做法

(一)党外人士基本情况

生物物理研究所党外代表人士相对集中，截至2016年8月底，全所副高级以上科研骨干259名，党外人士占57.9%。具体为：正高级科研骨干93名，党外人士57名，占61.3%；副高级科研骨干166名，党外人士93名，占56%。

在研究所设立的民主党派基层组织有两个，即农工民主党生物物理所支部和九三学社中国科学院第九支社。研究所有民革、民盟、民建、农工党、致公党、九三学社 6 个民主党派成员及无党派人士共计 77 人，其中在岗职工 29 人、退休职工 48 人。其中，民革 3 人、民盟 6 人、民建 1 人、农工党 32 人、致公党 3 人、九三学社 28 人；无党派人士 4 人。党外人士中正高级职称 8 人，包括九三学社 3 人、民建 1 人、无党派代表人士 4 人。259 名科研骨干绝大多数为归国留学人员；现有归侨 26 人，其中党外 20 人，中共党员 6 人。研究所现有党外代表人士 5 人，徐涛研究员现任第十二届全国政协委员、第十二届中华全国青年联合会副主席。在研究所历史上，九三学社社员邹承鲁院士曾任全国政协第五、第六、第七届委员，第八届常委；九三学社社员王志新院士曾任第九届全国政协委员；九三学社社员王志珍院士曾任第十一届全国政协副主席、九三学社中央副主席；无党派人士常文瑞院士曾任第十一届全国政协委员。

◎ 中央统战部调研生物物理所

（二）研究所党委统一战线工作主要做法

根据中央和院党组对统一战线工作的要求，研究所党委近几年来通过落实工作责任、完善基础信息、落实联系交友制度、定期沟通和通报工作、支持民主党派发展、为民主党派基层组织活动提供保障等项工作，注重发现和培养党外人才，充分尊重和发挥党外人士的重要作用，为研究所创新发展提供了重要的智力支持和思想保证。

1. 落实统一战线工作责任

研究所党委将统战工作纳入重要议事日程，定期专题研究重要工作。充分发挥党委总揽全局、协调各方核心作用，加强对统一战线贯彻落实中央重大方针政策和法律法规情况的研究、协调指导和督促检查。明确党委书记是统战工作第一责任人，由一名党委委员分工负责统战工作。党委书记亲自做党外人士的工作，把统战工作作为必须做好的分内事、管好的责任田，带头学习宣传和贯彻落实统一战线政策法规，带头参加统一战线重要活动，带头广交深交党外朋友，充分发挥示范带动作用。

建立健全统战工作机制，党委办公室是党委统战工作的组织协调、具体执行、督促检查部门，担负着了解情况、掌握政策、协调关系、安排人事、增进共识、加强团结等重要职能，负责统筹协调和日常工作。人力资源处负责提供基本数据信息和协助关注重点人员。

2. 完善党外人士基础信息

按照北京分院分党组、京区党委统一部署，研究所党委根据政策规定，建立党外人士数据库，确定了党外重点人员名单，完善了党外代表人士名单、民主党派和无党派人士名单、归侨名单，并注意做好动态更新，确保掌握基本情况。

3. 落实联系交友制度

落实党委委员联系党外代表人士，党委委员、基层党务干部关注党外重点人员的工作机制。党委委员带头与党外重点人员联谊交友，党委办公室、人力资源处负责人通过参加青促会学术活动、工作年会等方式，与青促会保持密切的组织联系，掌握了解他们的工作、思想和生活情况，协助解决他们在各方面存在的困难，让他们感受到党对统战成员的关心和照顾，从而拉近与党外人士的距离，在潜移默化中增进共识，在办理实事中建立友谊。

4．定期沟通和通报工作

研究所定期向民主党派组织和无党派人士宣传党的方针政策和中国科学院的发展战略，传达重要会议精神，通报研究所发展规划、重点工作进展情况等。研究所党委组织重大活动、重要会议和部署面上工作时，主动邀请民主党派基层组织参加，保持信息通畅，相互学习借鉴，使得工作在总体安排的基础上各自发挥优势，相互配合，互相支持。注重听取反映党外人士对研究所发展的意见建议，及时化解苗头性、倾向性的问题，为他们发挥作用创造条件。

5．充分尊重和发挥党外人士的重要作用

在组织安排方面，职代会主席团、工会委员会安排一定比例的党外人士，职代会主席由党外代表人士担任；在民主管理方面，研究所决策重大问题、重大改革举措、重要工作事项、重要人事变动前主动征求党外人士的意见，支持党外人士参与民主管理。在监督方面，研究所设立了独立的综合性监督检查工作小组，主动邀请了一定比例的党外人士参加，对研究所来自各种渠道的群众意见建议办理情况进行独立的检查评估，直接向所务会提交报告。

6．注重发现和培养党外人才

在北京分院分党组和京区党委工作部门的指导下，所党委研究确定了重点关注的党外人员，将45岁以下正高级专业人员、中国科学院青年创新促进会会员、获得本领域学术奖项的杰出青年人才、年轻优秀技术支撑人才、年轻党外中层干部列入名单，给予特别关注。积极组织推荐有关人员参加京区党委举办的党外科研骨干培训班，近两年推荐了5名党外人士接受培训。

7．支持民主党派组织发展

近五年来，所党委注重协调支持民主党派发展新成员，共协调19名在职职工加入民主党派。2011～2016年，在党委的大力支持下，已发展12名同志加入农工党，5名同志加入九三学社，1名同志加入民革，1名同志加入民建。主要体现了以下特点：一是民主党派人员年龄结构逐渐年轻化，新发展的19名同志平均年龄在40岁以下，为民主党派发展注入新鲜血液；二是充分考虑各民主党派的发展要求，覆盖了多个民主党派，做到重点考虑研究所建有基层支部的党派的同时，积极协调发展人数较少的党派，做好协调和服务工作，各民主党派得到了较均衡的发展，为研究所民主监督和党委听取不同党派意见提供了组织基础。

8. 为民主党派基层组织活动提供经费保障

所党委把统战工作经费纳入年度党建工作经费预算。农工党、九三学社人数相对较多，在研究所建有基层组织，研究所党委在经费上给予重点支持，在活动安排上有序协调，在所党委的指导和支持下，研究所民主党派基层组织积极开展走访慰问、学习参观、健康讲座等活动，参与协办中国科学院及北京市民主党派活动，与研究所有关中共党支部联合开展公益活动，取得了良好的效果。

三、主要工作成效

近年来，在党委统一部署和指导下，研究所各有关部门积极开展统战工作，取得了以下成效。

1. 统一思想、凝聚共识

统战工作的本质要求，是大团结大联合，解决的就是人心和力量问题。统战工作要把广大统战人员团结在中国共产党的旗帜下，必须在多元多样中确立主导，在交流交融中谋求共识，进一步巩固和夯实同中国共产党团结合作的共同思想政治基础。全所形成了凝心聚力共谋发展的良好氛围，通过与民主党派人士、无党派人士和归侨人士加强联系、开展服务，帮助科研人员解除后顾之忧，帮助民主党派解决发展难题，做暖心的实事，做润物无声、潜移默化的工作，充分尊重和发挥党外人士的重要作用，研究所党外人士更加认同研究所的创新发展思路。

2. 围绕中心、助力发展

研究所党外知识分子集中，统一战线工作是为了更好地围绕科技创新这个中心任务，实现研究所的发展，党委统战工作的重点就是引导科研人员建功立业，把政治引导作为根本前提，不断增强统战对象的政治意识、大局意识、责任意识和发展意识，树立敢于担当、甘于奉献、开拓奋进和争创一流的精神，始终与研究所的发展同呼吸、共命运，把实现政治理想和个人价值融入推进科技创新的实践中。

3. 提升素质、锻炼队伍

坚实创新人才队伍、壮大共同奋斗的力量，充分发挥知识分子集中的优势，组织和动员广大统战人士聚焦研究所的战略发展布局，集思广益，为中国科学院“率先行动”计划的实施献计献策。同时，提高和锻炼党外人士参政议政、建言献策的能力，提升党外人士队伍的素质。

4. 树立形象、精通业务

在工作中加强了党办、工会及各部门统战干部队伍建设。越是做党外人士的工作，越要心中有党，严格遵守党的政治纪律和政治规矩，加强全方位学习，掌握统一战线这门科学，以高尚的情操、优良的作风和扎实的工作，赢得党外人士的尊重和认同，努力成为政治坚定、业务精通、作风过硬的党外人士之友。

四、工作体会

《中共中央关于加强新形势下党外代表人士队伍建设的意见》强调，加强党外代表人士队伍建设，事关巩固党的执政基础和扩大党的群众基础。

研究所科技人才队伍的组成多元，党内与党外、中年与青年并存，留学归国人员和本土培养人才、高级职称与初级职称等各类人才聚集，在团结人、教育人、引导人的过程中，必须注重用好统一战线这一武器。我们在基层工作中，随着工作的一步步发展，对此体会越来越深。生物物理所科技创新是业务核心，实行所长负责制，人员构成中知识分子是主体，高级知识分子比重大，党委要发挥好政治核心和保证监督作用，必须做好党内的事，建设一支过硬的党员队伍；必须落实好所长负责制，坚持民主集中制，坚持科学民主的决策机制；必须坚持和弘扬社会主义核心价值观，用理念和文化去影响人，巩固和发展群众基础。

因此，贯彻落实中央、院党组的指示精神和北京分院分党组、京区党委的工作部署，落实统战工作条例，做好知识分子工作，既是上级组织对基层党组织的政治要求，也是基层党组织履行好工作责任的基础和抓手，应该成为基层党组织的自觉行动。

我们认识到，做好新形势下的统战工作，必须正确处理一致性和多样性关系，不断巩固共同的思想政治基础，同时要充分发扬民主，尊重包容差异，尽可能通过耐心细致的工作找到最大公约数。做好新形势下的统战工作，必须善于联谊交友，统一战线是做人的工作，搞统一战线是为了壮大共同奋斗的力量。

研究所的统一战线工作现状同上级的要求相比还存在一些差距，主要原因是党委在组织党员领导干部、基层党支部书记学习统战条例方面还不够系统深入，大家思想认识的高度、做统战工作的本领还有待进一步提高。在今后的工作中，需要尽快补齐短板，以高度的政治责任感和务实精神把党的统战工作落实得更好。

（撰稿人：汪洪岩　栾贵波）

中国科学院生物物理研究所简介

生物物理所创建于1958年，其前身是1957年建立的北京实验生物学研究所，建所以来，开创并推动了我国细胞生物学、放射生物学、宇宙生物学、酶学、结构生物学、膜生物学、神经生物学、生物控制论和生物物理工程技术等学科的研究和发展。

现有生物大分子、脑与认知科学两个国家重点实验室，感染与免疫、核酸生物学两个中国科学院重点实验室，以及蛋白质与多肽药物、交叉科学两个所重点实验室。发挥多学科交叉的综合优势，在蛋白质科学、脑与认知科学、感染与免疫、非编码核酸等学科前沿领域实现基础性、前瞻性、战略性突破，实现关键技术和实验方法的重点突破，构建以生物制药和体外诊断为重点的转化型研究体系。

截至2015年年底，研究所共有中国科学院院士11人，发展中国家院士5人，“万人计划”领军人才5人，“万人计划”青年拔尖人才2人，“千人计划”9人，“青年千人计划”11人，国家杰出青年科学基金获得者21人，中国科学院“百人计划”入选者37人。研究所科技人员在36个国际组织中担任43个职位，在72个国际期刊中担任96个职位。2011年，被中组部授予国家海外高层次人才创新创业基地；2014年，被科技部授予第二批国家创新人才培养示范基地。

多措并举　全面提升青年党员素质能力

▸▸ 中国科学院过程工程研究所

引　言

近年来，随着国家科技体制改革的不断深入，特别是中国科学院知识创新工程和“率先行动”计划的实施，极大地推动了研究所的改革创新发展，人才队伍年轻化成为普遍趋势。由此带来研究所党建工作的新情况、新特点之一，就是党员队伍逐步向以青年为主体过渡。做好青年党员群体建设工作，提升青年党员素质能力，对研究所的发展起到至关重要的作用。中国科学院过程工程研究所（以下简称“过程工程所”）党委主动研究新情况，解决新问题，党政合力抓好青年党员的教育培养工作，多措并举提升教育培养实效，以此推动了研究所青年人才队伍建设，进而为改革创新发展提供了人才保障和动力支持，为“一三五”规划实施和“率先行动”计划目标实现做出了贡献。

一、工作背景

过程工程所具有一支以青年为主的党员队伍。现有党员768人，其中在职职工青年党员（45岁以下）434人，研究生党员236人，两类党员合计占党员总数的87%。从统计数据可以看出，青年党员在全体党员中比重最大，成为研究所党委需要十分关注的对象，加强其教育培养也成为党建工作的重点之一。

青年人才成为研究所科技创新的生力军。截至2016年10月，过程工程所共有正式职工614人，45岁以下职工495人，占80.6%；其中科研人员558人，45岁以下科研人员459人，占82.3%；全所平均年龄38.1岁。38岁以下的博士占总人数的40.6%，具有海外留学经历的占总人数的20.7%。从人员结构上来看，已形成以青年为主体的人才队伍。其中，青年党员占全所青年的比例为73%，成为青年科技和管理人才中的先进分子，起着骨干和带头作用。

青年党员既是党建的决定力量，又是研究所科技创新的骨干和生力军，他们的素质能力如何，不仅影响当前党建工作开展和研究所科技创新任务的完成，而且影响研究所党的长远建设和研究所的发展未来。

二、特色做法

近年来，所党委和总支、支部注重抓好青年党员的教育培养工作，不断提升其素质能力，充分发挥先锋模范作用，取得了明显成效。

（一）抓好全局部署，党政一心集成合力

在研究所实行所长负责制的领导体制下，所党委认真履职尽责，充分发挥政治核心和监督保证作用。坚持抓好青年党员队伍建设，并与加强青

年人才队伍建设紧密联系起来，主动与行政班子协调配合，达成共识，形成合力。

1. 不断增强抓好青年人才队伍建设的责任感和使命感

无论是领导班子中心组学习，还是研究所发展战略研讨会，都将人才队伍建设作为重要议题，并突出青年人才队伍建设这个重点。习近平总书记在两院院士大会上强调，拥有一大批创新型青年人才，是国家创新活力之所在，也是科技发展希望之所在。中国科学院院长白春礼在“百人计划”20周年研讨会上强调，重点支持科技帅才、技术英才和青年俊才的引进培养，坚持引进培养杰出人才与青年优秀人才有机结合，为实施“率先行动”计划，源源不断地提供高素质人才资源。在领导班子换届考核中，加强优秀青年人才的引进培养也是京区党委对过程工程所领导班子的重点要求。党政领导班子多次对此进行学习研讨，在这个问题上形成广泛共识，为抓好青年党员队伍建设奠定了坚实的思想基础。

2. 积极参与研究所人才队伍建设重大决策和规划的制定

所党委坚持党管人才原则，在人才队伍规划制定、人才引进计划实施、人才培养使用等方面，积极主动提出意见建议，协调纪委进行监督检查，帮助行政班子搞好顶层设计，指导人事部门把关定向。在党政领导班子共同努力下，研究所人才队伍建设有了长足进步，尤其是青年人才队伍建设成绩突出。近年来，先后引进“千人计划”人才1人，“青年千人计划”人才5人，“百人计划”人才29人；培养“国家杰出青年”13人，“国家优秀青年”6人，提出了过程所“百人计划”“人才高地计划”“过程优青”等人才计划，并成立所青促会，在生活待遇、职业发展等方面向青年骨干人才倾斜。

3. 努力搭建有利于青年人才成长进步的平台

为了全面提升青年人才的素质能力，党委牵头，党政合力，统筹协调所内培训资源，以学习型党组织建设促进学习型研究所建设。自2010年

◎ SKIPER 学院培训现场

起，建立了具有本所特色的 SKIPER 学院（Share & Strengthen Knowledge，跨越者学院）。知识分享与强化是本交流平台的宗旨；SKIP 本意为“跨越”，促进研究所和研究人员个人的跨越发展是设立本交流平台的目的；IP 为 Innovation Pioneer 的缩写，意为“创新先锋”；ER 为 Explorer 的缩写，意为“探索者”，研究所科学研究的本质就是探索未知世界增进人类智慧；IPE 为过程工程所英文名称缩写，以此为依托，具体组织实施过程工程所卓越培训计划，以青年人才为重点，突出科研能力、实际工作技能培训，实现学习的制度化、规范化、系统化和科学化。在组织保障方面，成立专门机构。党委书记出任 SKIPER 学院院长，党办、人事处牵头，其他各部门协同配合。在人员保障方面，成立 SKIPER 学院办公室，由专人负责日常工作。在制度保障方面，每月选择固定时间作为学院讲座或论坛时间，上课签到登记，学习情况纳入职工年度考核。在经费保障方面，将 SKIPER 学院及卓越培训计划经费列入研究所年度预算，专款专用。

（二）抓严党性教育，树立坚定理想信念

思想理论建设是青年党员成长发展的根基，也是研究所党委加强青年党员队伍建设的重要一环。而理想信念教育既是思想理论建设的主线，又

是传承研究所文化、提升党员党性觉悟的重要方法。提高青年党员素质能力，为研究所发展做贡献，首要的一条，即是加强对青年党员的意识形态引导。为此，主要采取了以下措施。

1. 围绕学习实践专题热点，开展形式多样的主题教育

所党委坚持引导青年党员认真学习中国特色社会主义理论，在思想上、政治上、行动上始终与党中央保持高度一致。按照京区党委部署，先后开展永葆党员先进性教育、群众路线教育，对“三严三实”“两学一做”等专题进行重点研讨，引导青年党员加强党性修养、坚定理想信念。考虑到青年党员出生在中国经济迅速发展时期，对国情党情普遍了解不够深入，邀请中央党校、京区党委、中国科学院大学及研究所相关领导为青年党员进行培训，从党务知识细说、党章党规解读，到党史党情、国情院情辅导，内容丰富、逐渐深入、发人深省。为加深学习印象，定期组织青年党员骨干深入革命老区进行红色之旅，学习革命先烈和老前辈的无私奉献精神和先锋模范作用，进行生动实际的理想信念教育。

◎ 党委书记与青年党员代表参观遵义会议会址

2. 采取青年党员乐于接受的方式，提升党性教育的实效

所党委遵循人才成长规律，着重培养青年党员的领导力与沟通能力、潜能开发与团队精神、工作理念与技能方法，定期举办青年学术沙龙、青年论坛、青年工作座谈会等活动，并以提高青年党员先进性以及创新能力为宗旨，有针对性地进行培训。每年开展主题辩论赛，澄清模糊认识，厘清思想观念。如今已成为过程工程所的思想教育品牌，受到所内外人员的一致好评。通过过集体生日、参观考察、谈心等丰富多彩的活动，及时了解青年党员的思想动态和精神需求，提升青年党员的思想道德素质。为加大青年党员的党性教育力度，所党委专门分工张懿院士、李洪钟院士两位党委委员负责青年思想教育工作，重点抓好青年党员的党性教育。他们以扎实的学术积累、高尚的精神品格以及作为党员的科技报国情怀，对青年党员进行言传身教，深受青年党员欢迎和好评。

3. 重视研究生党建工作，加强研究生党员的教育培养

作为青年党员中的特殊群体和重要组成部分，所党委非常重视研究生党员队伍建设。专门成立了研究生党总支，下设 3 个党支部和 18 个党小组，做到了组织落实、制度落实、工作落实。党组织与研究生会联合互动，共同举办“研究生活动周”，包含“青年辩论赛”“TED 模拟演讲”“研究生学术交流会”“科学摄影展”等品牌活动，鼓励青年党员深入思考时事热点，增强政治鉴别力和政治坚定性，全面提升素质能力。针对青年党员对所史和优良传统知之不多的情况，先后组织纪念首任所长叶渚沛先生系列活动、张懿院士访谈、老中青三支部联动纪念建党九十五周年等以传承为主题的活动，延续过程精神，凝练青年品格。

（三）抓实能力建设，发挥科技创新的生力军作用

在科研院所，科技创新是基本的实践活动，党员先锋模范作用主要体现在成为科技创新的骨干和生力军，在完成科技任务中带好头、作表率。因此，提升青年党员的科技创新能力显得尤为重要。所党委突出创新能力建设这个核心，注重青年党员职业发展、技能培养，在提高青年党员实际工作能力上下功夫。

1. 依托 SKIPER 学院，全面实施“卓越培训计划”

通过 SKIPER 学院及“卓越培训计划”，从思想引导、科研能力、实际工作技能等方面全方位、多层次提升青年党员竞争力。除了与科研直接相关的科研项目和专利申请等内容外，还围绕如何把研究所的科研任务与国家的发展战略紧密结合、如何把社会上科技需求与研究所的科研方向有机统一、如何凝练学科目标与自主创新有效结合等问题进行深入探讨。邀请过程工程领域内的国际知名学者及行业专家来所讲学，了解学科前沿行业动态，形成“行业发展论坛”品牌活动，至今已举办 10 余场，大大激发了青年党员解决国家重大需求的紧迫感和责任感。

2. 发挥所地合作优势，贯彻实施“走出去”战略

过程工程所具有偏向工程应用的特点，所地合作、成果转化是研究所的优势之一，曾多次获中国科学院院地合作最高奖。而青年党员往往直接从校门入所门，对企业及工程一线了解不深。为补齐青年党员科技创新与成果转化能力的这一短板，所党委积极拓宽渠道，为青年党员提供深入企业交流学习、现场考察的机会，使青年党员更加了解行业和市场的需求与动态，提高工程实施能力，为推动技术转移转化、促进重大产出多做贡献。此活动不仅对青年党员进一步梳理科研思路、凝练科研方向起到重要作用，而且有效推动了研究所在节能环保、新材料、新能源、生化工程等科研领域的行业影响力。例如，结合中国科学院建设广东新高地的要求，所党委及时组织了 10 余名青年科研骨干到佛山考察，走访企业

◎ 过程工程所青年党员在企业实践考察

20余家，建立新材料育成中心，并与其中6家形成了密切的合作关系。

3. 突出青年党员特点，激发科技创新活力

鼓励青年职工之间、青年职工与企业、专家的研讨交流，以青促会、创客吧为平台，互学所长，迸发创意，为研究所科技创新、跨越发展奠定基础。发起过程工程创客吧，推动模式创新。落实国家创新驱动发展战略，响应“大众创业，万众创新”的号召，过程工程创客吧应运而生，致力于科学技术与“双创”相结合，把科技成果转化为现实生产力。创客吧为研究所的青年党员等科研骨干提供了与来自高校院所、民营企业和外资企业的代表们进行交流的平台，也为研究所在科技与经济结合过程中洞察市场、开放思想、汇聚资源、创新模式提供了重要平台。成立过程工程所青促会，培养新一代学术技术带头人。中国科学院青年创新促进会是实施“创新2020”人才发展战略的重要举措之一，在此基础上，研究所成立“过程工程所青年创新促进会”，以加强对青年科技人才的培养和支持。以青促会年会活动为主，将年会与青年骨干管理实践培训相结合，在工作交流、培训新会员的同时，引入创新的拓展实践培训方式，搭建了青年科研与管理骨干深入了解和交流的有效平台。

4. 围绕促进全面发展，提升综合能力素质

所党委清楚地认识到，要全面加强青年党员的素质能力建设，不能仅仅将眼光停留在提升青年党员科研能力方面，科研以外的技能培训也是塑造全面发展人才的重要部分。一是举办分享微讲坛系列活动。鼓励青年党员就自己的技能特长、兴趣爱好、生活经验、所思所想等方面面向全所进行分享，锐化风格，提升自信，开阔眼界，热爱生活。二是举行实验室知识竞赛。以党支部、党小组为单位，举行实验室知识竞赛、实验技能比赛，将青年党员思维从单一的领域中解放出来，了解不同类型的实验原理、方法、设备，扎实科研知识，为工作注入新思路。三是进行安全急救技能培训。化学化工类研究所实验中接触易燃易爆和危险品较多，安全问题永远不能忽视。为此，研究所定期举办安全、消防、急救讲座，并开展相应演练活动，旨在让青年党员熟悉自救互救知识，把安全落到实处。

（四）抓细学习宣贯，开拓“针尖”传播模式

所党委结合青年党员特点开展宣传教育，构建了符合本所科研组织模式的“针尖”教育和宣传模式，围绕要素、抓住要点、切中要害，突出几个亮点和特色，集中资源，有的放矢，实现系统学习、全面宣贯，收到了较好效果。

1. 找准“兴奋点”，保障落实研究所重大战略部署

为加强青年党员对研究所的认同感、归属感和使命感，过程工程所突出强调过程工程特色，并基于研究所重大原创性成果，先后有组织、有计划地宣传了科研组织模式创新、成果转移转化模式创新、人才队伍建设创新、基层党建和创新文化创新等。在青年党员关注的兴奋点的把控上，注重理念上由灌输到传播的转变、模式上由传统到现代的转变、内容上由表面到深度的转变。近 5 年来，全所刊登和上报各类信息均为青年人所关注，90% 涉及科研进展、成果转移转化和人才队伍建设，创新团队的成果和经验以及科研典型，陆续被新华网、人民网、《经济日报》、《中国科学报》等多家媒体报道。

2. 排查“风险点”，支撑优化研究所科研环境

面对鱼龙混杂的网络洪流，过程工程所防微杜渐，注重引导青年党员树立正确的价值观，提高政治辨别力和敏感性，及时排查可能带来负面效应的“风险点”。先后建立了信息安全领导委员会和计算机信息安全工作组，制定了《网络宣传工作管理办法》和《网络舆情突发事件应急预案》，为信息安全提供组织、制度和思想保障。网络宣传把控意识和危机意识明显增强，应对网络舆情突发事件的能力也有较大提升，保障了干净、和谐

的科研环境。

3. 聚焦“创新点”，引领科研发挥导向作用

为满足青年党员发展需求，过程工程所通过创新机制、创新载体和创新活动形式等不断提升信息宣传质量，先后多次改版所刊《动态》，不断贴近实际，原创内容达95%，影响力逐渐扩大，成为青年人才思想交流的平台；开办以研究生为主体的电子刊物《过程青年》，聚焦身边人和事，关注研究生自身发展，赢得全所一致好评；利用青年党员常用的微信、飞信、QQ群等新媒体平台进行宣贯，将学习融入日常生活，同时也使宣传教育工作变成喜闻乐见的思想交流活动。

（五）抓常选树典型，先进榜样引领方向

榜样的力量是无穷的。过程工程所坚持选树典型，以榜样力量带动青年党员加强自身建设，不断提升素质能力，实现全面发展。

1. 明确学习风向标，优秀党员在身边

所党委定期组织榜样评选，每年通过深度挖掘、支部推荐等方式评选优秀党员。2016年表彰优秀党员28名（其中青年党员21名），鼓励全所党员向优秀典型学习，提升素质增强党性。

2. 巾帼党员不畏难，撑起科研半边天

研究所女性职工占在职职工总数的40%，女性国家杰出青年科学基金获得者、优秀青年科学基金获得者等科研骨干比例逐年增加，因此，树立女性典型对女性青年党员有着深远的影响。所党委协同基层支部联合开展院士访谈活动，邀请张懿院士作为嘉宾，聆听张院士作为一名优秀共产党员的传奇故事，鼓励女性青年党员力争上游，让巾帼不让须眉继续成为研究所佳话。

3. 青年党员挑重担，扎根现场破难关

由于研究所课题涉及矿产、环境、资源等方面，现场操作条件往往非

常恶劣，但为实现目标，很多青年党员长期扎根一线，不畏艰难，成果落地之时，便是努力回报之日。研究所青年党员李会泉获得五四青年奖章，杨超研究员获得国家科学技术进步奖二等奖，另外还有相当数量的青年党员获得中国科学院十大杰出青年、中国科学院先进工作者等荣誉。所党委号召广大青年党员向优秀典型学习，深入工程一线，克服重重困难，立足本职建功立业，为国家过程工业发展贡献力量。

三、主要成效

通过长期坚持，不懈努力，过程工程所在加强青年党员队伍建设、全面提升其素质能力方面已经初见成效。

一是科技创新能力大幅提升。自工作开展以来，过程工程所青年党员积极承担各类重大科技任务和项目，2011 ～ 2015 年共获国家奖 4 项，侯德榜化工科技成就奖等特别奖 15 项，中国专利优秀奖等省部级奖百余项，同时青年基金申请大幅增长。形成了具有过程工程特色的核心竞争力，支撑过程工业的可持续发展。

二是所地合作成果显著。研究所坚持创新成果转化模式、推动重大成果产出、开拓国际市场、构建大协作研发链的科技开发工作新思路。青年党员积极贯彻“走出去”政策，科技成果转移转化能力明显增强，为企业解决了难题，为研究所争取了经费，实施以来取得明显成效。以 2014 年为例，年度横向经费 2.22 亿元，其中 45 岁以下青年党员争取经费 1.36 亿元，占 70.72%；2011 ～ 2015 年共获院地合作、技术转移奖项 22 项，青年党员谭强强、张凯等获院地合作先进个人奖。

三是青年党员人才迅速成长。自加强青年党员人才队伍建设以来，影响和带动全所青年骨干人才队伍建设，研究所新增国家杰出青年科学基金获得者 4 人（共 12 人），在全国化工领域名列第一，新增优秀青年科学基金获得者 5 人、“青年千人计划” 5 人、“万人计划” 4 人、“百人计划” 14

人。一年一度的研究所“十佳员工”评选，青年人占比达 40% 以上。另外，青年党员干部工作突出，绿色职工党支部书记郑诗礼在 2015 年、2016 年连续两年被评为京区优秀党务工作者。

四是党建工作屡获先进。以青年党员队伍建设为突破口，为研究所党建工作带来新的生机与活力，带动了全所党建工作水平的全面提升。多年来，研究所多次获得京区党建工作创新奖，所党委被院党组评为先进基层党组织。2015 年过程工程所党建研究课题获全国党建研究会科研院所专委会特等奖；绿色职工党支部在 2015 被评为京区先进基层党组织；绿色过程工程党总支在 2016 年被中共中央国家机关工作委员会评为先进基层党组织。此外，所工会被全国总工会授予模范职工之家称号，被院工会评为党工共建先进工会。研究所荣获国家体育总局四年颁发一次的全国群众体育先进单位荣誉称号；获国家体育总局全民健身先进单位。

四、创新启示

实践证明，下大力提高青年党员的素质能力，促进了青年党员队伍建设，进一步带动了研究所党建工作水平全面提升。同时，带动和促进了研究所青年人才队伍建设，为研究所改革创新发展提供了人才支撑和组织保障。抓好青年党员队伍建设的体会和启示如下。

一是提高对青年党员工作的认识是前提。要提高青年党员素质能力，加强青年党员队伍建设，进而抓好研究所青年人才队伍建设，必须提高认识，转变观念，真正作为事关党的事业和科技事业长远发展的大事来抓。青年党员是保障科研院所发展的中坚力量，是党组织发展的新鲜血液和活力来源，是研究所的希望和未来。各级党组织特别是各级领导要提高认识，转变观念，真正列入重要议事日程，采取多种有效举措，在提升青年党员素质能力上下大功夫、用大气力。

二是党政齐心合力是关键。研究所的领导体制和工作机制、党组织的工作定位和发挥作用方式，决定了党政合作的极端重要性和必要性。没有这一条，无论是青年党员队伍建设还是其他党建工作，都无从谈起。在这方面，所党委从大局出发，注意把青年党员队伍建设与研究所青年人才队伍建设统一起来，主动协调，积极作为。真正做到党政达成共识，同心合力，相互支持配合，拧成一股劲。在所长任期目标制定、发展战略研究、人才队伍建设规划实施等方面，所党委要积极参与，尽可能贯彻和体现青年党员队伍建设的指导思想和总体要求，为这项工作顺利开展创造有利条件，提供可靠保障。

三是创新工作方式方法是核心。抓好青年党员队伍建设，必须着眼其自身特点、满足其实际需求，采取的方式方法尽可能照顾其兴趣爱好，为他们所乐于接受。要加强调查研究，倾听青年党员的呼声，与青年党员交朋友，了解其所思、所想、所盼，把解决思想问题与解决实际问题结合起来，增强教育引导的针对性和有效性。加强青年党员队伍建设，要明确群体的特殊性，把握群体的特异性，结合青年党员特点加强对新媒体、新平台的有效利用，进一步拓展针对青年党员的党建工作新阵地，不断创新工作思路，探索研究培养、教育青年党员的新机制、新方法。

四是推动研究所全面建设是目标。实践证明，提高青年党员素质能力既是做好党建工作的一个重要抓手，又是促进青年人才队伍建设、推动研究所全面建设发展的有效举措。因此，要尽可能将二者有机结合起来，实现相互促进、协调发展。要把青年党员工作当作是研究所全面建设发展的重点工作来抓，以青年党员队伍建设推动研究所青年人才建设，进而为研究所改革创新发展提供人才保障和动力支持，推动“一三五”规划实施和“率先行动”计划目标实现。

（撰稿人：陈运法　刘　冰　闫　红）

中国科学院过程工程研究所简介

过程工程所创建于1958年10月1日，致力于在能源、资源、环境、材料、制药、石油、化工、冶金等支柱产业，及生物技术、纳米技术等新兴领域创建高效清洁的物质转化工艺、过程/设备和系统，解决实验室成果产业化过程中的关键科学技术问题。自2011年以来，过程工程所共获国家奖4项，侯德榜化工科技成就奖等特别奖15项，中国专利优秀奖等省部级奖百余项，形成了具有过程工程特色的核心竞争力，支撑过程工业的可持续发展。

研究所以促进重大产出、承担重大任务、培育人才队伍为核心，规划形成12个研究部，包含科研人员1700余人，其中，两院院士5名，“973计划”项目首席科学家3名、国家杰出青年科学基金获得者13名、中组部“千人计划”6名、中国科学院“百人计划”29名，研究员和副研究员等高级专业技术人员324名。

全所共有党员768人，设有6个党总支、20个党支部。研究所坚持落实党委委员联系党支部、领导干部抓党建责任制，形成研究所党委（总支、支部）书记总负责、党委（总支、支部）委员分工负责、自上而下逐级负责、党务干部“一岗双责”的党建工作格局。由于党建工作成绩突出，研究所多次获京区党建创新奖，所党委2011年被评为中国科学院先进基层党组织，绿色过程工程党总支在2016年被中共中央国家机关工作委员会评为先进基层党组织。

新时期加强青年党员党性教育的实践与思考

▸▸ 中国科学院自动化研究所

引　言

在研究所，青年党员占比越来越大，青年党员作为科研和管理骨干在研究所建设中的作用越来越重要。在这种情况下，中国科学院自动化研究所（以下简称“自动化所”）党委高度重视新时期青年党员队伍建设，坚持紧扣青年需求，开展青年党性主题教育，引导青年培育正确科研价值观，助力青年成长发展，以党的理论认知坚定理想信念，激发青年党员“顶天立地”的勇气和魄力，发挥青年党员的先锋模范作用，把青春梦想、青春奋斗、青春力量汇入服务和促进研究所科技事业创新发展的伟大实践中。

一、工作背景

青年兴则国家兴，青年强则国家强。新时期加强青年党员的党性修养、有针对性地做好青年职工科研价值观的引导和培育、全面提升青年职工的综合素质是当前科研院所党建工作面临的一项紧迫任务。截至2015年年底，自动化所共有党员943名，其中35岁以下党员657名，占69.67%。随着研究所青年党员的比例不断增大，尤其是“80后”“90后”青年党员人数增多和青年人自我意识增强，传统党建教育模式已不能很好地适应青年需求，如何使党建工作和党性教育更加符合青年党员的要求，确保党建工作深入持续，促进院所确立的科技创新目标入脑入心，已经成为摆在自动化所党委面前的一个突出难题。

自动化所党委认为，化解这一难题迫切需要积极探索新时期青年党建工作的新思路、新方法，进一步探索青年党员党性教育的有效途径，有效激发全所党员尤其是青年党员“顶天立地”的勇气和魄力，加强协同创新文化建设，营造协同攻关、团队作战的氛围，使基层党组织在科技创新中发挥更大的作用，在战略推进中切实发挥青年党员的先锋模范作用，促进和保障研究所各项事业的健康发展，更好地开启研究所改革创新发展新征程。

二、党建工作特色做法及成效

（一）以青年需求为导向，明确青年党员党性教育主题

1. 以《创新案例》宣讲为抓手，引导青年培育正确科研价值观

党性和理想信念教育既是思想教育、理论教育，也是价值观教育，事关中国特色社会主义事业和中国科技创新事业的成败。在科研人员中弘扬科学精神和正确的科研价值观，是党建工作和创新文化建设的一项重要任务。《创新案例》的编写是中国科学院创新文化建设过程中一项极为重要的举措，体现了中国科学院创新文化建设“往深里去，往高里提”的不懈探索，同时也是中国科学院创新文化建设取得丰硕成果的一个重要标志。但

同时也需要提出的是，作为“集中了大批科技专家的创造性劳动”的智慧结晶，《创新案例》潜在的巨大价值尚未得到充分认识，其应有的重要作用尚未得到有效发挥。尽管研究所在战略研讨会或中心组学习会上将《创新案例》作为学习材料发给了大家，但多数同志由于承担着紧张繁忙的工作任务，往往不能抽出时间去仔细研读那一篇篇“彼此交融，异彩纷呈”的创新案例，且《创新案例》在研究所内的辐射范围还不够广，一些同志甚至不知道《创新案例》这一精神宝库的存在。为此，自2008年以来，所党委决定把《创新案例》宣传作为青年党员党性教育的重要内容，促使“发掘、整理、提炼”出来的创新案例不仅能够从优秀科技专家的脑海中“走到”纸面上来，更要从纸面上“进入”科研人员特别是年轻科研人员的脑海中去。

2. 明确“党史 · 党风 · 党情”主题，增强青年党员党性修养

随着近年来经济社会的发展变革调整，以及多元文化思潮的交流交融交锋，所党委发现，一些党员存在思想认识的误区，党建工作面临着支部活动“工会化”、组织生活“娱乐化”的苗头。如何正本清源，不忘初心，在党建工作中传递正能量，提升广大党员的党性修养，成为党委的又一项重要任务。2011年，以建党90周年为契机，所党委策划组织了“党史 · 党风 · 党情”系列活动，从读经典、观展览、唱红歌、讲党课四个方面入手，加强全所党员同志的党性修养。

3. 以“强党性 · 作表率”为主题，引导青年党员争做先锋模范

党的十八大以来，全面从严治党成为党的建设新常态，对每一位党员都提出了新的更高要求。院党组确立了新时期办院方针，强调面向世界科技前沿，面向国家重大需求，面向国民经济主战场，率先实现科学技术跨越发展，率先建成国家创新人才高地，率先建成国家高水平科技智库，率先建设国际一流科研机构。适应科技创新、大众创业万众创新的时代要求，自动化所新一届领导班子明确了研究所“顶天立地”的目标定位。无疑，这些都对研究所的党建工作提出了新的更高的要求。所党委认为，党建工作的首要任务就是要激发全所同志“顶天立地”的勇气和魄力，在研究所加强创新文化建设，营造协同攻关、团队作战的氛围，在战略推进中发挥党员的先锋模范作用。为了达到上述目标，所党委明确，在全所党员中开展“强党性·作表率”主题实践活动，以加强党员党性修养为切入点，让“率先”的意识融入党员的血液中，成为党员的自觉行动，激发蕴藏在党员内心深处的动力，为实现研究所科技战略目标提供坚强有力的思想和组织保证。经过认真讨论和精心准备，所党委提出了针对不同群体的党性教育方案：一是在支部书记层面，鼓励大家走出去，通过交流提升工作能力；二是在科研骨干层面，通过读书交流报告会，让大家通过自我学习和交流，提升对党的认识；三是在新党员层面，通过优秀老党员的讲述，身边人讲身边事起到激励作用。

（二）以青年成长为目标，设计青年党员党性教育内容

1. 正确科研价值观塑造作为青年党员党性教育的重要内容

所党委明确“以创新案例为抓手”的工作思路，将“创新案例宣讲”作为研究所党建和创新文化建设的经常性工作。通过这项工作，力求达到帮助科研人员特别是年轻科研人员拓宽创新思路，激发创新活力，树立原始科学创新和关键技术突破的信心。在宣讲活动中，所党委明确两个目的：一是使青年职工和学生注意到创新案例的存在及其价值；二是使青年职工和学生能够在较短时间里获得尽可能多的信息量，提高学习效率。在报告形式上，注意充分发挥案例的特点。以讲故事的方式说明深刻的道理，增强报告的趣味性和吸引力，避免简单说教。创新案例宣讲活动注重从理想信念、科学精神、科学方法等不同角度入手，精选若干案例，夹叙夹议。通过对创新案例的融会贯通，努力发现创新案例之间的内在联系，注意把不同科学家对同一问题的论述或观点加以介绍和比较，以说明这些论述或观点所具有的规律性、普遍性以及重要性，加深大家的印象。

在连续多年的活动推进过程中，将“创新案例宣讲”与研究所日常工作有机结合。在中心组学习、战略研讨会、党建工作会、新职工入所座谈会、新生开学典礼、五四报告会、机关读书沙龙等多种场合，先后组织了《从创新案例中汲取营养》《学习人民科学家钱学森的点滴体会》《对基础研究和高技术研究的粗浅认识》《无限风光在险峰——〈王选文集〉学习体会》《费马大定理——一个困惑了世间智者358年的谜》《诚信与责任——浅谈科研道德与学风》《深蓝背后的人》等多个主题报告，彰显了一批国内外优秀科学家求真务实、敢为人先、不畏艰难的科学精神与优良品质，引导大家思考基础研究和高技术研究的特点、规律，找准工作定位。同时，引导大家努力掌握科学的方法论，树立正确的科研道德观与学风，防止学术腐败。这些报告与科研工作紧密结合，各有侧重，并力求做到内容翔实、逻辑清晰，讲述生动，以案例和故事为主，在轻松的环境中将创新文化的价值理念娓娓道来，在带给大家启示的同时引导进行更加深入的思考，在科研人员中引起热烈反响。随着创新案例宣讲工作不断深入，“国家需求与学术追求相统一”的科研价值观和“敢于创新、严谨求实、乐于协作、甘于奉献”的科研精神在研究所已深入人心，广大职工的国家意识、历史责任感和凝聚力大为增强，为研究所战略选择与实施奠定了良好的思想基础。

2. 以党的理论认知坚定理想信念，从党史中汲取营养

坚定的理想信念要建立在对历史规律的正确认识上，建立在对基本国情的准确把握上。在2011年“读党史”活动中，所党委精心组织了《苦难辉煌》读书交流会、学习党史第二卷交流会，采取“精读＋通读”方式，取得了很好的效果。以《苦难辉煌》读书交流活动为例，该书讲述了中国共产党成立早期的历史，以独特的视角真实再现了革命前辈们在重大关头，义无反顾承担起挽救国家、挽救民族的历史使命，经历了难以想象的艰难困苦，带领中国人民完成了中国历史上最具史诗意义的壮举，凤凰涅槃，浴火重生，从苦难走向辉煌的历史足迹。为了帮助青年党员更好地了解这段历史，所党委精心策划和组织，提前将《苦难辉煌》一书发放到党委委员、纪委委员、各支部书记手中，在专题交流会上，党委书记、党委委员、20余名党员同志畅谈了学习党史和《苦难辉煌》一书的心得。很多党员同志表示，早期共产党员有着坚定的共产主义信仰，钢铁一般的革命意志，靠着信仰和意志从苦难走向了辉煌，没有他们的这种精神，就没有今天繁荣昌盛的国家。党史留给我们宝贵的精神财富，值得每一位党员牢记和传承。每个时代都会赋予党员不同的历史使命。当前中国正面临着激烈的全球化竞争，对科技创新能力提出了新的挑战。作为国立研究所的科研人员，就要发扬先辈们的拼搏精神，敢于攀登科研高峰，敢于担当，不计较个人得失，在科技创新中发挥骨干和先锋模范作用。只有用一流的科研业绩来报效祖国，才能对得起“党员”这个称号。之后，所党委还将大家的发言集结成册，在所刊、所内网、宣传栏等平台刊发，受到所内党员更加广泛的关注。

◎ 青年党员示范引领——青年党员读书活动

2015年，所党委继续设计了“书香满紫冬”读书活动，引导广大党员研读经典，了解党史。在读书活动中，各党支部结合实际情况，相继组织广大青年党员参加读书活动。大家读经典著作，读优秀党史，不断增强党性修养，提升精神境界。在“七一”专题读书交流会上，与会青年党员围绕《历史的轨迹：中国共产党为什么能》一书共同分享心得体会，大家讲事实，摆数据，翔实的史料一一列举，以数据讲述中国共产党领导中国经济建设的成就和问题；旁征博引，深刻阐述，从历史、思想、经济、政治、军事等多维度解读了“为什么未丧失执政地位”，以“响亮口号、时代精神、榜样力量”等方面解读中国共产党唤起民众凝聚人心的力量源泉；全面分析，自然灾害的考验，复杂的国际形势，以及执政党的挑战，系列问题在交流中被触及；交流形式多元，大家通过读书接力，共同解读了中国共产党的一个个“谜底”。真理越辩越明，青年党员通过自己的学习和思路，加深了对党的理解和热爱。此外，所党委还组织了“要不要民主是关乎生死存亡的大决断”专题报告会、“中国共产党成立 90 年来的历史与经验”学习报告会、“学习人民科学家钱学森”专题报告会，加深大家对党史党情党风的理解，更好地从历史中汲取精神力量，继承优良传统，弘扬正气。

（三）以青年感受为检验，创新青年党员党性教育方法

1. 体验式教育方法，增强青年党员的参与度和认同感

按照辩证唯物主义认识论的观点，一个人对党的理性认知和认识，内化为感情、信念和意志，外化为行为，不可缺少地需要一个介质以发挥融通和化合作用。这一介质即在一定的生活和事实过程中实际体验和感受。实践证明，体验式教育方法是青年党员党性教育的一种有效方法。比如，在参观展览活动中，所党委先后组织了西柏坡红色之旅、到国家博物馆参观“复兴之路”展览，让大家亲身体验先烈们的伟大足迹，重访革命圣地。一位党员在参观之后写道：“西柏坡之旅是短暂的，但在西柏坡的山头踏着先烈们的足迹行进之时，心灵的旅行却是无比漫长的。无数前辈在争取民族独立、人民幸福的历史画卷中所展现的理想、胸怀、智慧和勇气，无疑为我们增添了前行的动力，也让我们人生的脚步变得更加豪迈而坚定。”又比如，在唱红歌活动中，自动化所组织“激情红歌 唱响青春”青年党员合唱赛，让每一位青年党员再次亲密感触那段红色岁月，经历一次心灵的洗礼，让红歌成为一种新的时尚。再比如，2015 年，所党委组织支部书记、支部委员 20 余人赴怀柔区北沟村学习。北沟村位于北京市怀柔区渤海镇东

◎ 青年党员集体参观革命圣地西柏坡

北部，原是一个名不见经传的贫困山村，经过 10 多年的努力，如今已成为拥有“中国最具魅力乡村”“全国民主建设示范村”“全国先进基层党组织”等多项国家级荣誉称号的文化新村。在活动中，支部书记们与北沟村党支部书记王全在村党支部活动室进行了座谈交流。王全书记结合自己的经历，讲述了北沟村的发展变化。支部书记们在身临其境的考察中，切实感受了北沟村党支部的战斗堡垒作用和党员的先锋模范作用的重要性，直观感受了村党支部带领村民治村的好经验，对今后如何更好地开展支部工作、发挥支部作用有了新的体会和思路。

2. 发挥青年主动性，青年成为自我教育的主体

根据青年党员自我意识强的特点，党性教育尤其需要充分尊重和发挥青年党员的主体性，变消极接受为积极参与，变单向“灌输”为互动交流。为有效调动青年党员的主动性，在青年党员中，所党委开展“身边人讲身边事”，让党性教育活动贴合实际，更加具有感染力。在新发展党员培训会

◎ 青年党员骨干参观全国民主建设示范村——怀柔北沟村

上，所党委邀请两位党支部书记进行交流。空天信息中心党支部书记马雷以《中国共产党唤起民众、凝聚人心的力量源泉》为题，以各个不同阶段所涌现出来的精神榜样，讲述了中国共产党唤起民众的力量所在。报告指出，在每个历史阶段，中国共产党都提出响亮的行动口号，以唤起民众投入革命和建设事业，都会涌现出一批体现时代主流价值观的楷模。报告号召青年党员要继承和发扬这些精神，在新时期做出新的贡献。作为中国科学院京区 2015 年度优秀党支部，精密感知与控制研究中心党支部书记张正涛作了题为《以实际行动树立青年党员形象》的报告，结合自己的科研经历展现了青年科研人员的党员形象，详细介绍了所在支部如何围绕国家重大需求开展科研攻坚，全体党员用敢啃硬骨头的决心、扎实的工作作风、团结协作的精神，解决了科研任务中的一个个难题，赢得了用户方的高度肯定。精密感知与控制研究中心科研攻关的先进事迹赢得在场人员的热烈掌声。

三、开展青年党员党性教育的启示

自动化所青年党员党性教育在不停地摸索中创新，在脚踏实地的实践中积淀。系列主题活动贴合实际，内容丰富，形式多样，使广大青年职工在潜移默化中受到感染和熏陶。在研究所的创新实践中，在艰苦攻关的科研一线、在最苦最累的时刻，青年党员们冲锋在前，党组织充分发挥思想工作的优势，带领大家克服困难，战胜挑战。2010 年、2011 年、2014 年，所党委先后荣获中国科学院京区党建工作创新奖。

总结开展系列主题党建教育活动，有以下三点启示。

（一）把准特点设计党性教育主题

党建工作与业务工作出现相脱离的“两张皮”现象，其原因是多方面的。有因为工作内容的不同，党建工作主要是做人的工作，业务工作主要是科学理论研究工作，内容上的差异容易导致“两张皮”现象。有因为工作特点的不同，科研工作本身有一定的结题周期，在预定的时间内其效果体现在科研成果上；党建工作是做人的工作，从思想受教育到行为改变，具有一个周期较长的过程，短时间内一般难以见到明显成效。认识到这些，摸熟摸透党建工作和业务工作的本质特点，才能找准结合点，在方式方法上让党员受到深刻有效的教育，把党建工作做成启迪心灵的教育。比如，“案例宣讲教育”在开展理想信念教育过程中，引导青年科研人员坚定追求卓越、勇攀高峰的信念，寻找攻坚克难的动力源泉；又比如，在“党史·党风·党情”和“强党性·作表率”主题活动中进行党章党规学习教育，则融合了科研道德诚信教育，引导广大科研党员既收获充实的科研人生，又收获一生清白的坦荡人生，犹如开启了人生前进路上的护航明灯。

（二）增强青年党员党性教育的主动性

党的建设是一项复杂的系统工程，需要遵循党的建设规律。按照马克思主义经典建党学说，先进理论不会自发产生，党的理论也不会自发在广大党员头脑中天然形成，必须依靠主动的党性教育。青年思想可塑性强的特点，也能保证党性教育的触角可以深入这一重要群体。自动化所党建系列主题活动每年年初由所党委进行顶层设计，党办、各支部推进落实，共同推动党建工作主动出击，不断传递正能量，既是全面从严治党的要求，也符合广大党员的精神需求。在系列主题活动中，注重设计对支部书记、党务骨干的培训，其目的是不断地增强党务工作者的专业化能力，为打好党性教育主动战奠定坚实基础。通过培训，培养和塑造一批具有专业能力的党务工作者，选取设计与广大科研党员工作息息相关的主题，确保党性教育成为广大科研党员愿参与、信得过的教育活动。

（三）活动形式分众化满足青年多元需求

系列党性教育活动形式丰富，收获了不同的效果，其组织形式上注重分众化开展工作。在多种多样的活动中，青年党政干部偏重正确权力观的警醒，牢牢树立“做好党建工作是本职，做不好党建工作是失职”的意识。青年支部书记偏重党务技能的提升，支部活动与业务活动相互结合、相互促进，使“党建工作做不好业务工作也会塌陷”的观念成为常识。青年党员层面则偏重增强感染力和内心触动，在参与中受教育，在聆听中受启发，达到春风化雨、润物无声的效果。《创新案例》宣讲帮助科研人员树立起正确的科研道德观、价值观和优良学风，筑牢思想防线；“党史·党风·党情”教育通过形式多样的活动，在全所党员中传递了正能量，提升了全体党员同志的党性修养；“强党性·作表率”活动更加贴合研究所实际，党员先锋模范作用进一步显现。

（撰稿人：王小明　刘勇进　宋　琪）

中国科学院自动化研究所简介

自动化所成立于1956年10月，是我国最早成立的国立自动化研究机构。1968年，为加速我国空间技术的发展，自动化所整建制划入空间技术研究院，更名为空间控制技术研究所，番号中国人民解放军第五〇二研究所。1970年，根据自动化学科技术发展的需要，中国科学院重建自动化研究所。自动化所现设科研开发部门12个，包括模式识别国家重点实验室、复杂系统管理与控制国家重点实验室、国家专用集成电路设计工程技术研究中心等。

近年来，研究所把握信息与控制技术向智能化方向发展的趋势，聚焦类脑智能，部署了以脑科学与智能交叉融合为前沿，以类脑智能机器人与类脑智能信息处理为应用载体，进行类脑智能技术和产业的布局，并通过体制和机制创新加速研究团队的大协作和成果的转移转化，实现能契合时代发展要求的研究所科研模式转型，成为我国人工智能领域有影响力的科研机构。

截至2015年年底，自动化所共有党支部18个，党总支1个，党员943名，占全所人员60.5%。其中在职职工党员481名，学生党员331名，离退休党员131名。在全体党员中，35岁以下党员657名，占69.67%。

夯实基层党组织建设　助推人才培养发展

▸▸ 中国科学院计算技术研究所

引　言

中国科学院计算技术研究所（以下简称“计算所”）党委基于对党支部建设的全面调研分析，结合全面从严治党要求和本所实施“率先行动”计划的实际，坚持以人为本，加强党支部建设，在科技创新实践中推进人才培养发展，在文化育人中助力人才培养发展，以党建创新促进科技创新。

一、计算所基层党支部建设调研情况与浅析

党支部是做好夯实基层党组织建设的核心单元。以人为本加强党支部建设，推进人才培养发展，这是计算所党委党建创新促科技创新的重要内容之一。

为了更充分地了解党支部建设情况，计算所党委于 2016 年 9 月 1 ～ 19 日通过网络调查问卷、访谈（各部门支部书记、支部委员、党员、入党积

极分子）等形式进行了广泛调研，共收集到257份有效问卷。参加问卷调查的包括计算所学生党员、员工党员及入党积极分子等。其中，职工党员134人，占50.2%；学生党员123人，占49.8%。基于访谈、调查问卷情况分析如下。

（一）思想建设方面

1. 党支部思想教育方面

在党支部思想教育形式方面，有27.6%的党员选择了思想政治理论专题集体学习会；24.9%的党员选择了党员组织生活会；22.0%的党员选择了结合科研讨论会的思想学习培训或交流会；另外还有2.1%的党员选择了党支部个别谈话。

2. 思想教育形式方面

对于支部开展思想教育活动的形式，有26.0%的党员希望是与团队建设相关的培训活动；25.6%的党员希望是与科研创新相关的思想理论学习、政策学习；24.2%的党员希望思想教育活动能够丰富生动；另外23.6%的党员希望能够多开展一些贴合不同年龄、岗位人员的思想交流活动；另外，还有个别党员希望通过身边领导干部以身作则的具体实例去学习以及外出参观实践。

3. 党员加强思想教育方面

在新常态、新形势下，针对党员的思想教育应当着重加强哪些方面，有78.2%的党员认为应当在党员的理想信念方面加强；53.3%的党员认为应当加强意识形态；33.9%的党员认为应当加强党规、党纪；另外1.9%的党员认为领导干部应当加强自身建设并发挥好带头作用，以及增强党员的实践能力。

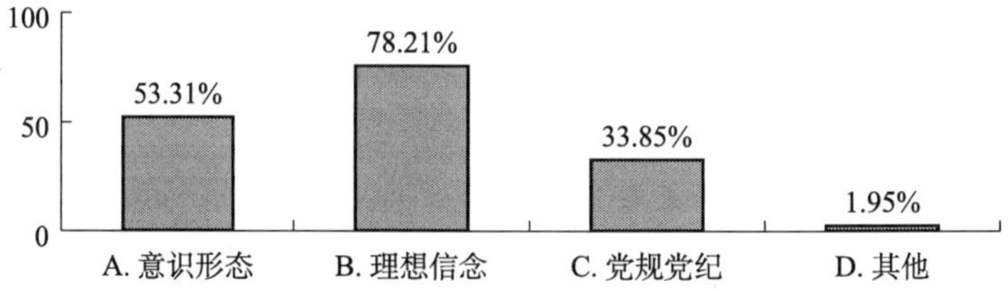

◎ 新常态、新形势下，您认为支部党员需要在哪些方面加强思想教育？

（二）组织建设方面

1. 党员队伍建设方面

对于如何将党员队伍建设好，有 61.9% 的党员认为应当由党员干部以身作则，率先垂范；57.9% 的党员认为党组织应该积极组织党员多为群众办好事实事；36.6%、33.1% 的党员希望严格把好党员“入口”，畅通“出口”及切实加强对党员的党性教育。

2. 党支部对党员的管理方面

对于各党支部对本支部党员的管理情况，有 85.6% 的党员认为管理规范，科学合理；10.5% 的党员认为管理一般，要求较严。

3. 党支部开展工作有一定的困难

党支部在开展各项工作时存在一些困难，有 61.09% 的党员认为组织生活等支部活动枯燥、没有吸引力；30.74%、16.73% 的党员认为党员组织观念淡薄及党员理想信念不坚定；另外还有 7.39% 的党员认为是由时间、经费、工作繁忙等原因造成的。

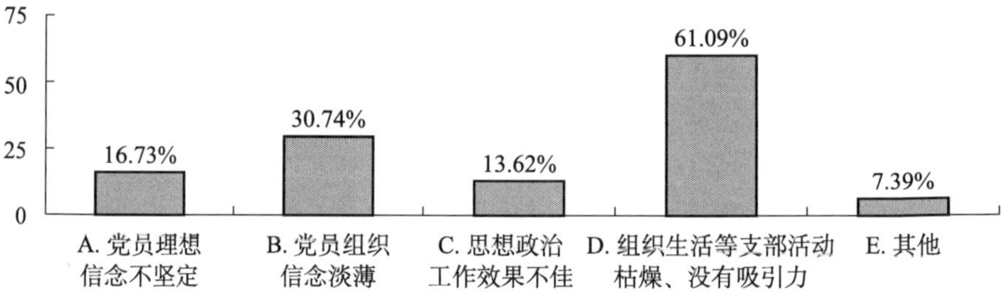

◎ 您认为目前党支部开展工作存在的最大困难是什么？

4. 党支部工作需要加强的部分

54.9% 的党员认为党组织应给予党员活动经费充足保障；49.0% 的党员认为要加强党员的思想教育，提高党员队伍素质；23.7% 的党员认为应当加强制度建设和党员考核，发挥党员先锋模范作用；19.1% 的党员认为支部委员应当以身作则，起到表率作用。

5. 党支部活动的主要内容和形式方面

79.8% 的党员表示本支部一般党支部活动都进行专题教育，如“两学一做”学习教育；41.3% 的党员表示本支部一般开展团建文化类活动；35.6% 的党员表示支部开展党员评议活动；18.9% 的党员表示党支部会组织党员开展志愿者服务类活动；17.9%、17.2% 的党员表示党支部一般会讨论业务知识或培训及所外学习参观。

（三）作风建设方面

1. 党组织办事效率方面

46.7% 的党员认为找党组织办事比较方便；39.3% 的党员认为找党组织办事非常方便；4.3% 的党员认为找党组织办事不太方便；9.0% 的党员没有和党组织打过交道。

2. 加强作风建设方面

54.9% 的党员认为应当加强实行群众监督制度；35.0% 的党员认为应当健全督促检查和考核制度；33.5% 的党员认为加强经常性的集中学习教育活动很重要；还有 1.2% 的党员认为可以去参观纪念馆，手写观后感及建立切实可行的监督机制等。

（四）制度建设方面

1. 支部“三会一课”落实方面

71.6% 的党员认为本支部按时组织开展且内容丰富；21.1% 的党员认为

本支部虽然按时组织开展，但流于形式；7% 的党员认为本支部很少组织开展、基本没召开过。

2. 支部组织生活会落实方面

34.6% 的党员表示本支部每个月都会组织召开组织生活会；34.6% 的党员表示本支部两个月召开一次组织生活会；22.6% 的党员表示本支部三个月召开一次组织生活会；8% 的党员表示半年及以上召开一次党支部组织生活会。

3. 提高党组织活动会的参与度方面

73.93% 的党员认为应当从内容上丰富组织活动会议；39.30% 的党员认为应当在形式上有所变化；29.57% 的党员认为时间安排也是影响参会的重要一项；19.46% 的党员认为在授课人员上应当加强；2.33% 的党员认为会议应结合实际工作，解决实际问题，开组织生活会不能流于形式，如果流于形式大家都不会有兴趣，得真的对大家的思想有触动，才能有教育效果等。

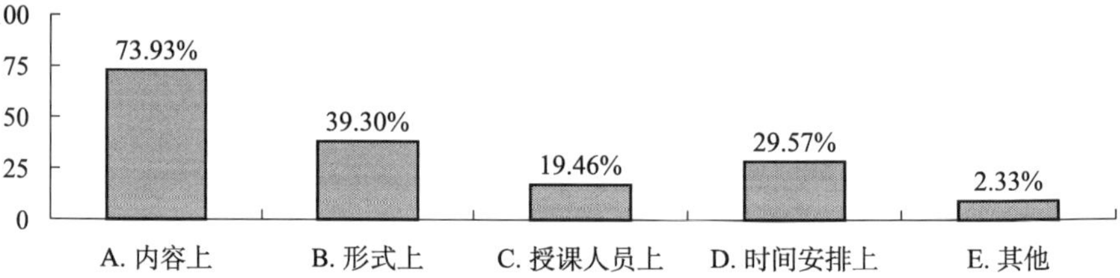

◎ 您认为应该从哪些方面来提高党组织活动会的参与度？

（五）反腐倡廉建设方面

在加强廉政教育方面，48.6% 的党员认为需要加强制度建设，规范支部管理，营造反腐倡廉教育的环境；45.5% 的党员认为需要大力宣传党员先进模范带头作用，充分发挥党员先进性作用；43.2% 的党员认为应当加强支部文化建设，营造开展反腐倡廉教育的良好氛围，完善反腐倡廉教育体系，完善意见建议公众平台。

二、以人为本加强支部建设，推进人才培养发展

基于上述调研，所党委对多年来的工作进行了总结与反思。如何夯实基层党组织建设，助推人才培养发展？必须从基层支部入手，以人为本，深抓紧抓不放，注重引导和特色示范，为德才兼备的人才培养发展发挥重要的作用。总结起来，重点在以下三方面进行了探索实践。

（一）立足党支部先进性，为培育优秀骨干人才奠定基础

所党委鼓励党支部自主创新，开辟自己的特色阵地，立足党支部先进性，为培育优秀骨干人才奠定良好的基础。

1. 案例一："全国先进基层党组织"龙芯党支部，坚持用毛泽东思想指导龙芯团队，培育和凝聚骨干人才

计算所龙芯党支部成立于 2001 年，所在支部的龙新团队致力于龙芯 CPU 通用芯片的研制和产业化应用推广工作。纵观龙芯党支部自 2001 年起的 15 年发展之路，可见其始终坚持用毛泽东思想武装龙芯人和龙芯团队。

2001 ～ 2005 年，是龙芯从零到一的突破阶段，冲破国际垄断研制 CPU，始终用毛泽东思想武装龙芯课题组，党的思想是龙芯人与团队的灵魂，是长期坚持艰苦奋斗的战斗堡垒。5 年期间，一批党员在龙芯成长为骨干人才。

2006 ～ 2010 年，是龙芯从弱到强攻关阶段。党员冲锋在前，起先锋模范作用。节假日、周末的加班加点都是党员主动请缨，攻坚克难、啃硬骨头工作都是党员上。5 年期间，80% 的党员成为中坚力量，一半以上的党员成长为核心人才。

2011 年至今，是龙芯的产业化阶段，龙芯的发展越来越顺畅，但并未因此而骄躁，而是不断提升企业责任感、使命感，即使有钱了、发展了，也不忘初心，不抛弃、不放弃、不掉队。龙芯党支部建立了龙芯扶贫基金，热心捐助了河北易县、内蒙古、湖南等地的贫困学生。对于龙芯党支部，

孩子们的来信就是他们最好的激励和回馈。这几年，相当一部分党员在中层以上岗位担任重要角色，肩负了更重要的责任和使命。

还有值得一提的一点是，自 2001 年起的 15 年时间中，龙芯党支部始终坚持“我是党员”活动，在每个党员工位上贴着“我是党员”的标牌，提醒每位党员的责任和使命，时刻牢记自己的党员身份。

龙芯党支部始终坚持用毛泽东思想指导龙芯发展，凝聚和培育骨干人才，坚持理论联系实践，坚持实事求是，坚持批评与自我批评，坚持自力更生、艰苦奋斗。为了提升人才队伍的凝聚力、战斗力，龙芯党支部每年都举行一次由全体党员参与的批评与自我批评的民主生活会，通过批评与自我批评发现自己和团队存在的问题，然后进行管理改进，不断螺旋上升。在思想理论学习上，龙芯党支部每年至少举行一次全体党员的集中学习，通过党课的学习让党员坚定理想信念，从专家学者的专题报告中，可以帮助党员解读党的政策，正确了解国内外形势，提高党员和整体人才队伍的理论水平、政策水平和综合素养。

扎实的党支部工作保障了龙芯团队不断争创佳绩。龙芯团队成立以来获得多项荣誉，例如，2003 年获中国科学院杰出科技成就奖、中国科学院重大创新贡献团队、中国科学院创新文化建设先进团队；2004 年获中央国家机关五一劳动奖状；2005 年获中国科学院先进基层党组织；2006 年获全国先进基层党组织；2008 年获中国科学院“创新为民，科技救灾”先进党支部；2009 年获中央国家机关青年文明号；2011 年获全国青年文明号。

先进的团队总是不断涌现优秀的个人，龙芯党总支书记胡伟武及其学生、骨干成员张福新先后获得全国青年五四奖章，也是获此殊荣中唯一的一对师徒。

2. 案例二：普适计算党支部，科研筑起爱心工程，争做优秀科研人

普适计算党支部在党支部书记陈益强的带领下，将党的工作和计算所的“一三五”科研目标结合起来，为计算所五个重点培育方向之一“普适计算设备”方向学科发展、重点项目以及系统平台等方面做出贡献，成功组织研发出面向残疾人无障碍、留守儿童亲情互动、可穿戴居家养老等重大民生领域的集成展示平台，以及普适计算设备和原型系统。

普适计算研发的残疾人无障碍交互系统于2015年1月上线成功运行，远程信息无障碍交互系统可为残疾人提供信访、维权、就业、教育、康复、社会保障、情感交流等各项无障碍服务。每一项功能需求以及细节实现都倾注了普适计算团队的踏实刻苦细致工作，16个郊区县60个温馨家园每个都需要到场至少三次，在此过程中，团队党员率先发挥了不怕吃苦、不怕烦琐、敢于负责、敢于攻关的工作态度，为系统在北京市残联以及各郊区县温馨服务点稳定运行提供了最大保障。系统运行三个月间，得到了包括中国残联党组书记鲁勇、中国残疾人联合会信息中心主任崔慧萍、北京市残联理事长吴文彦，以及各使用单位和残疾人的高度认可。同时，系统也获得了2015年北京市科学技术奖二等奖、中国产学研优秀成果奖以及北京市财政的持续重点项目支持。

爱心小屋系统是计算所“一三五”布局普适计算设备的重要集成展示平台，既具有学科发展理论研究价值，同时也有实际解决农民工与留守儿童交流的现实应用价值。早在2013年7月，普适计算党支部就代表计算所为济宁市社会福利中心捐赠过“远程亲情互动系统——爱心小屋”。至今，最终完成的留守儿童爱心小屋示范系统成功应用于全国5个省市。系统对于疏导和缓解远程务工群体的情感隔阂及心理问题，促进留守儿童身心的正常成长，避免极端事件发生以及促进社会稳定发展具有重要意义。另外，普适计算党支部还经常组织全体党员到留守儿童学校开展先进性教育活动，让党员更深刻地体会到爱心小屋系统对留守儿童的意义。不仅如此，普适计算党支部也组织党员到养老院做义工活动，让党员更深入理解老人们对新兴技术的渴望及难处。

2015年，普适计算党支部书记陈益强荣获中国科学院优秀党务工作者；2016年，陈益强又荣获中央国家机关优秀党务工作者，是中国科学院唯一获此殊荣的党支部书记。

（二）以支部书记为平台，为干部人才培养奠定基础

1. 把党支部书记岗位作为培养后备干部的平台

所党委坚持党管干部、党管人才原则，与行政一起认真选拔作风正派、有能力的骨干作为后备干部人选，担任党支部书记。认真指导和鼓励他们通过党的工作实践提高管理能力和综合素质，在支部书记岗位上锻炼才干，把党的工作更好地融入科研管理工作中。

截至目前，在党支部书记队伍中，中层以上干部 13 人，正高级专业技术职务人员 10 人，研究实体主任、副主任 9 人，处级管理干部 4 人。多年来，在党支部书记这一平台上，锻炼、培养成长为局级以上领导干部的有 4 人，其中两位已经分别担任计算所党委书记、副所长，另两位分别担任兄弟研究所的所长、副所长。

2. 做好党支部书记学习培训

（1）加强理论学习，组织专题学习系列活动，提升党支部书记政策理论水平。多年来，以学习贯彻十七大、十八大精神，学习实践科学发展观，新中国成立 60 周年，中国科学院成立 60 周年，创先争优，建党 90 周年，长征胜利 80 周年等为主题，结合群众路线实践教育及“三严三实”“两学一做”等专题教育，认真组织策划系列专题学习活动，邀请中央党校、国家统计局、国务院发展研究中心、国家发展改革委员会宏观经济研究院、科技部、中国人民大学等专家解读党和国家的重大方针政策，累计组织大型专题报告近 20 次，参加人员累计 3000 余人次。2016 年 7 月 1 日，所党委召开庆祝中国共产党成立 95 周年大会，在以往邀请中央党校、国务院发展研究中心等机构专家学者作辅导报告基础上，2016 年由获得优秀的党支部书记、支部委员作专题报告，向参会人员分享党支部工作的经验，这种身边人、身边事的零距离分享形式，效果非常不错。

（2）组织党支部书记研讨班、党支部书记沙龙，提升党支部书记的素质与修养，培养党支部书记的工作方法和管理艺术。通过组织学习研讨，

探索新时期如何结合国情、院情、所情创新党的工作、加强党的建设，如何使党的工作围绕创新、服务大局，如何使党的工作和所里改革发展紧密结合等热点、难点问题，促进党支部书记在学习交流中共同进步、发展。

（3）加强党情、国情、院情学习调研。多年来，所党委多次举办支部书记、支委骨干主题学习调研活动，累计参加160余人次。先后组织党委委员、党支部书记、有关部门负责人、青年科研骨干代表组成调研组赴狼牙山、西柏坡、延安、渣滓洞、湖南韶山、青海原子城、古田会议会址、中山纪念堂、黄埔军校等地接受革命传统教育，到中国科学院青海盐湖研究所、中国科学院城市环境研究所、中国科学院深圳先进技术研究院等兄弟单位，华为公司、白沙集团等先进企业单位学习考察，及所属分部分所等学习调研、总结经验，不断改进加强自身工作。这些活动从思想上带来了深刻启示，不仅增强了党支部书记的理想信念，提高了责任感和使命感，而且有效提升了党支部书记“一岗双责”的执行能力和实践水平。

（4）实行考核评议机制，督促激励不忘初心、继续前行。实行支部工作考核评议机制，目的是督促、激励党支部书记不忘初心、尽职尽责，对其管理能力和领导力，特别是带领党支部在科研创新中的凝聚力、战斗力和创造力有一个系统的、多维度的评价。多年来，党委通过印发《关于开展先进党支部、优秀党支部书记及优秀党员评选活动的通知》，详细规定优秀党支部书记、优秀党员的评选条件，认真做好评优表彰工作，并在“七一”大会上举行表彰仪式鼓励先进、弘扬正气。2016年6月，所党委开展“两学一做”学习教育专题二之“我身边的优秀党员”表彰活动，严格评选、优中选优，对优秀党支部书记、优秀支部委员、优秀党员在“七一”大会进行表彰，产生良好效果。

（三）以德树人，传递正能量，开辟计算所党建教育基地

1. 案例一：十年磨一剑，狼牙山党建教育基地聚人心

2004年，计算所党委带领近50人的党员队伍，第一次前往狼牙山，带

着对五壮士的崇敬之心，种下了一棵棵小树苗。这一年，计算所狼牙山党建教育基地诞生了，为了纪念这个特殊的日子，计算所党委在山头留下了刻有“中科院计算所共青林”的石碑。从2004年起，计算所党支部轮流到狼牙山植树，缅怀烈士。例如2005年，网络室党支部来到狼牙山，回去后大家纷纷将自己的心得体会记录了下来；2007年，智能安全党支部不仅种下了新树苗，还“探望”了老树苗；2008年，职能部门党总支全体党员在党委副书记李锦涛的带领下，种下了40棵树苗，让山顶增添了一道绿色的风景。2013年，体系结构党支部、前瞻研究党支部、计算机应用研究党支部三大支部联合前往狼牙山，大家以各种活动形式学习、践行先烈们的革命精神。2014年，是计算所狼牙山党建教育基地成立10周年，中国科学院京区党委与计算所结对子，在这个具有纪念意义的日子，回到了狼牙山党建教育基地，通过重走烈士道路、登上狼牙山顶、缅怀革命先驱、学习烈士精神及植树活动来回顾历史和纪念先烈。2016年，高性能党支部将“两学一做”学习教育与狼牙山植树相结合，计算所再一次登上狼牙山，种下新希望。

10余年，累计500余人次的计算所人，不论是中层以上科研管理干部，还是奋战在科研一线的党员、科研与管理骨干人才，那党旗下的宣誓、五烈士陈列馆的学习，山头的植树，狼牙山山顶的攀登，五壮士纪念塔、跳崖处的缅怀……渐渐成为计算所人学习、工作、生活中密不可分的一部分，成为凝聚计算所人的一片精神花园。

2. 案例二：爱心传递，计算所济宁党群社会实践基地暖人心

2013年7月12日，计算所党群社会实践基地于山东省济宁市社会福利中心正式挂牌成立。计算所党委书记、副所长李锦涛，济宁市副市长张继民，济宁市民政局局长徐建设、副局长林光，济宁市社会福利中心主任魏成军，及计算所济宁分所院长钱跃良、普适中心主任陈益强、计算所党办主任檀彦卓等出席了揭牌仪式。仪式上，李锦涛书记和张继民副市长为“中国科学院计算技术研究所党群社会实践基地”揭牌，檀彦卓主任与徐建设局长为计算所捐赠于福利中心的“远程亲情互动系统——爱心小屋”揭幕，济宁分所院长钱跃良向魏成军主任捐赠了“福利中心管理服务系统软件”。

当天，大家参观了计算所为济宁市福利院捐赠的“爱心小屋”。“爱心小屋”是计算所普适计算研究中心依据新型人机物三元交互理论与技术研发的远程亲情互动平台，使用电视机及互联网，实现简便易操作、自然状态的远距离可视互动交流。该平台提供丰富、逼真的体验效果，让福利院的老人及孩子们和亲人之间的互动接近真实场景，获得良好的沟通体验和亲情交流，有助于改善和解决社会大家庭对他们的亲情关爱问题，疏导、缓解“三无”老年人、重点孤老优抚对象、智障人员和孤残儿童的情感及心理健康问题。

计算所党群社会实践基地在济宁市社会福利院挂牌后，所党委组织计算所党员、一线骨干人员等开展思想教育、学习实践等系列活动，为福利中心的老人、孩子们送去一份慰问与关怀，使他们感受到社会大家庭的温暖。同时，计算所济宁分所也将继续努力，通过科研助力济宁社会福利中心实现构建“智慧福利院”的目标。

如今，计算所济宁党群社会实践基地继“计算所狼牙山党建教育基地”之后，成为计算所党员、群众、职工及学生关注社会、了解国情、奉献爱心、提升社会责任感与使命感的重要窗口之一，成为广大科研人员发挥技术优势、运用信息技术为社会提供支撑保障的重要抓手之一。

同时，该基地也成为计算所人爱心传递、温暖相扶的平台。正是通过这一平台，计算所人感受到了计算所组织的温暖，感受到了计算所大家庭的归属感，也感悟到了身为一名计算所人的责任与担当：计算所人应当立志成才，努力以自己的科研创新工作去实现“科研为国分忧、创新与民造福”。

三、文化育人，为人才培养发展提供有力支撑

多年来，计算所党委高度重视创新文化建设，注重文化育人，努力为

人才培养发展提供有力支撑。

文化是什么？文化不是舞文弄墨，也不是朗朗上口的诗词歌赋。文化是仰望星空与脚踏实地并行的践行者用汗水浇筑的、根植于心的信念与信仰。所党委回顾总结计算所发展的不同阶段，发现计算所创新文化始终是与国家、与中国科学院同心相连的，是与计算所一直承载的国家使命息息相关的。多年来，计算所文化的核心要义可以凝练为 4 句话：核心价值观：科研为国分忧，创新与民造福；所训：创新、求实、团结、高效；目标：从优秀到卓越；理念：人人是才、人人幸福。

按照依法治所、以德兴所的精神，所党委整合多方资源，通过修订完善规章流程，探索制度的评价体系，推进计算所的制度建设。自 2007 年以来，计算所进一步健全了由党政领导、各职能部门主管领导等组成的创新文化建设领导小组，并指定专人负责开展创新文化建设工作，形成了各级组织齐抓共管、党政群通力协作、密切配合的工作局面，把创新文化建设工作作为多部门、多角色、多层面的系统工程来抓。

首先，做好创新文化建设工作的年度规划和实施，并作为党政年度工作的专项内容，确定重点任务和内容，认真组织落实；其次，注重做好长远规划的部署，逐步丰富工作内容；再次，充分发挥工会、团委、妇委会、文体协会等群众组织的作用，形成了有点有面、有力有序的创新文化建设工作格局。在具体制度层面，制定了《创新文化动态宣传平台管理细则》等规章制度，整理编辑了《创新文化建设汇编》等相关资料。

为进一步健全创新文化建设工作体系，所党委于 2011 年 8 月调整了计算所创新文化建设领导小组，并成立计算所创新文化与宣传工作小组，由策划小组和执行小组组成，负责具体计算所创新文化建设相关工作和宣传工作，为今后持续推进创新文化建设工作奠定了良好的基础。

从“文化是什么”到“文化的落地”，所党委始终围绕这四句核心要义做好文化育人，助推人才培养发展。近些年，所党委结合计算所人的思维特点和时代特点，组织策划了如下特色品牌。

（1）“卓越杯”辩论赛。围绕中国科学院“率先行动”计划、“一三五”规划，为激发最大范围的学习思考和深度参与，在全所范围内开展了“卓越杯”辩论赛，内容紧扣计算所发展战略，历时2个月，举办7场辩论赛，通过手机报、微博互动，更有在美国、泰国的员工观看全球网络同步直播，在线观看超过1100人次，效果超出预期。另外，还邀请中国科学院党校班的学员们现场助阵，互相交流、思想碰撞。

（2）年度总结表彰暨联欢会，凝聚人心、鼓舞士气。计算所每年都会组织年度总结表彰暨联欢会，由所长总结分享一年的工作成果，并且表彰优秀员工、优秀团队。联欢会环节由员工自编自演团队秀，低成本、高质量。通过自编自导的节目，增进员工之间的感情，增强团队凝聚力。

（3）建立“计算的脚步”科学传播中心。在计算所建所60周年之际，通过建立“计算的脚步”科学传播中心，展示计算所60年来的发展历程和老中青计算所人的故事，展示计算无处不在，展示计算所的国家使命，感染大家，激发大家从事计算技术领域科研工作的责任感与使命感，并同时向社会公众传递科学正能量。

（4）建立计算所微信公众号。微信公众号是当下最流行的传播媒介之一，是将计算所信息向社会大众传播的良好平台，通过移动新媒体平台传播方式来传播计算所精神、科学精神。公众号除了日常新闻、公告、科研项目等内容外，还设置了专栏“你所不知道的计算所”“明星人物”等，全方位、立体生动地告诉大家计算所和计算所人的故事。

（5）卓越之星，树立计算所好榜样。从2009年至今，计算所已经涌现出了46位卓越之星。这些卓越之星在每年度总结表彰会上揭晓，他们的故事不仅在会上分享给大家，还会在所刊《创新求实》、微信公众号上刊发，影响和感召更多的人去学习和看齐。

如今，计算所创新文化已渗透到所内各项工作、各个方面的基础工程中，也深刻影响着每一个科研团队和管理团队，影响着每一位科研人员的创新行为和思想理念。

大道无形，春风化雨，计算所党委在以人为本，夯实基层支部建设，立足先进性助推人才培养发展，以德树人、文化育人的宗旨等方面的探索实践，潜移默化地吸引、稳定、凝聚了计算所科研、管理、支撑等各岗位、各领域的人才，为计算所人才培养发展提供了有力的支撑保障。

（撰稿人：李锦涛　檀彦卓）

中国科学院计算技术研究所简介

计算所创建于1956年，是中国第一个专门从事计算机科学技术综合性研究的学术机构。计算所研制成功了我国第一台通用数字电子计算机，并形成了我国高性能计算机的研发基地，我国首枚通用CPU芯片也诞生在这里。计算所坚持基础性、战略性、前瞻性的“三性”原则，坚持新时期办院方针，以“跻身国际前沿，关注国计民生，引领中国信息产业”为己任，落实“创新、求实”的理念，力争成为世界一流的科研学术机构。

计算所是我国计算机事业的摇篮。伴随着计算所的发生发展，先后为国家培养了几百名我国最早的计算技术专业人员，在这里工作或学习过的院士有二十余位。随着学科与技术发展，从计算所陆续分离出中国科学院微电子研究所、计算中心、软件所和网络中心等多个研究机构，以及联想、曙光等高技术企业。五十多年来，计算所在科学研究和科技成果等方面取得了显著成就。截至2015年年底，计算所获得国家、院、市、部级科技奖励219项，其中，国家级科技奖励47项（含非第一完成单位10项），院、市、部级科技奖励172项（含非第一完成单位13项）。

计算所党委目前下设18个党支部，3个党总支。现有党员769人，其中员工党员383人，学生党员386人。

打造过硬领导班子　引领科研创新发展

▸▸ 中国科学院电工研究所

引　言

抓好领导班子建设是国立科研机构党委的重要任务，也是推动科技事业发展的关键。在所长负责制体制下，在特色研究所建设中，中国科学院电工研究所（以下简称“电工所”）党委注重加强自身建设，着力打造凝心聚力的领导班子、团结民主的领导班子、真心为民的领导班子、公正廉洁的领导班子，较好地发挥了党委的政治核心和保证监督作用，有力推动了研究所的改革创新和跨越发展。

一、工作背景

根据中国科学院2008年颁布的《中国科学院研究所综合管理条例》规定，研究所实行所长负责制，实行民主讨论基础上的所长决策制度；研究所党委起着政治核心和保证监督作用。按照《中国科学院研究所综合管理条例》的规定，所长应认真执行民主集中制，充分发挥领导班子的整体作用，严格实行民主的决策程序和规范的工作制度，自觉维护研究所党委会的政治核心作用和保证监督作用，重视发挥职工代表大会的民主管理与监督作用和学术委员会的学术咨询与评议作用。

从实际工作来看，所长负责制有利于发挥专家型领导在研究机构管理中的重要作用，有利于提升研究所自主科技创新的能力，有利于推动研究所基于“三个面向”发挥更大的作用。但如何在中国科学院所长负责制体制下，有效发挥好党委的政治核心和保证监督作用呢？我们认为研究所党委的政治核心作用主要体现在建班子、带队伍、促创新三个方面。这其中，抓班子是关键。如何打造一支素质能力过硬的党政领导班子是我们一直思考和探索的课题。

二、党建特色工作介绍

近年来，电工所始终把加强领导班子自身建设作为一项基础性、根本性工作来抓，着力建设理想信念坚定、党政关系和谐、锐意改革、廉洁奉公、群众信赖的领导班子集体，以领导班子建设带动党员队伍、干部队伍和科技队伍建设，有力推动了研究所的改革创新和跨越发展。2012年，电工所领导班子被中国科学院北京分院评为“优秀领导集体”。

（一）建设凝心聚力的领导班子

建设过硬的班子集体，所长和书记必须始终重视加强个人修养和锻炼，带动班子集体不断学习新知识、新理论，建设学习型领导班子，打造坚强的堡垒，团结和带动全所职工锐意进取不断向前。

1. 带头示范学习　提升素质能力

所党委切实加强党委中心组学习制度和民主生活会制度，结合“三严三实”专题教育和“两学一做”学习教育，开展了各具特色的学习活动，使班子成员全面领会和深刻把握最新理论成果。并扩大中心组学习范围，积极吸引中层以上党员领导干部、支部书记和科研骨干参与学习讨论，结合工作实际交流学习体会，提高共识，进一步帮助树立正确的人生观、价值观和政绩观，不断增强改革创新、科学发展、廉洁自律意识，保持政治上的清醒和坚定。同时，班子坚持理论联系实际、学以致用。在“两学一做”学习教育中，结合能源领域特色研究所试点建设工作，所党委在全体党员中开展以“绿色能源·科技当先”为主题的教育系列活动，班子成员结合自身所长和分管工作讲专题党课，宣讲国家最新方针政策，以及可再生能源、轨道交流、生物电磁、海洋能等方面最新科技发展方向和前沿发展态势，号召党员在科技创新中勇于担当、创先争优，进一步强化了党员责任教育，增强了党员干部为国家能源科技创新做出重大贡献的责任感和使命感，报告深受广大党员欢迎，带动了全所职工的学习热情。

2. 建立共同愿景　统一思想行动

党政领导虽然工作职责不同，但共同的愿景和目标是凝聚班子的强大磁石，是激发班子不断前进的强大驱动力。所长任期目标是研究所一定时期的奋斗目标和行动指南，更是领导班子与全体职工的共同愿景。所班子不仅通过战略研讨会、学术会、职代会等反复讨论，群策群力，集成智慧，制定了任期目标责任书，更是把全部精力和心思用在实现目标上，用在干事业上。所长、副所长都兼任实验室主任，也是职工们公认的科研带头人。他们带头申请科研项目和经费，带头搞科研，常常白天是所长、晚上是研究员、周末当导师，被称为“白 + 黑”“5+2”工作模式。研究所的科研用房严重不足一直是限制研究所跨越发展的瓶颈。2012 年，领导班子抓住国家能源领域大发展的机遇，加速新科研实验大楼建设。班子集体统一思想、齐心协力，3 万多平方米的“电气科学研究及测试平台”工程主体完工，即将投入使用，科研保障条件将大大改善。大家都说，电工所的领导班子是干事业的班子。

3. 宣传战略目标　团结凝聚职工

这些年，电工所党政班子紧密配合，不断加强研究所的顶层设计，每年定期召开全所战略研讨会，听取实验室主任、科研骨干和各级专家学者的意见，不断凝练科技目标，加强战略规划研究。为强化全所职工和研究生对战略布局的了解和认同，班子成员利用职工代表大会、开学典礼和全所总结大会等场合，分别多次为全所职工、学生作“创新2020”和“十三五”战略辅导报告，引导广大职工把思想行动统一到研究所的发展战略部署上来。“十二五”期间，电工所着力谋划科研组织模式调整改革，所党委积极做好职工的思想引导工作，分工班子成员在多种场合、深入职工中积极宣传改革方案，并协调出台了一系列的改革配套制度。通过所党委和班子成员不分你我齐心协力地做工作，确保了全所职工的思想统一，保证了科研组织模式调整改革的顺利推进。此外，所党委积极培育并弘扬“敢于梦想，敢为人先，团结奉献，追求卓越”的研究所文化，编写《电工所所史》，开展征集所风所训等多种创新文化活动，凝聚了人心。目前“科研连着你我他，建所兴所靠大家”已成为全所职工的共识和自觉行动。

（二）建设团结民主的领导班子

团结与民主是班子建设的永恒主题，是领导核心的力量源泉，是推动事业发展的坚实基础。可以说，班子的团结民主和谐是干好一切工作的基础和前提。

1. 思想多沟通

通气则气顺、气顺则心齐、心齐则事成。班子成员在性格、阅历、学识、性情等方面难免存在差异，工作中产生一些不同意见和看法是正常现象。对此，加强班子成员之间的思想沟通和交流十分重要。这些年，班子内部定了一个不成文的规定，大家有事没事时常坐到一起聊一聊，彼此敞开心扉，主动把自己的想法告诉其他成员，努力做到重大问题事先交流、情况变化及时通气、出现分歧主动沟通、日常工作常来常往。同时，认真组织开好每年的民主生活会，会上班子成员积极开展批评和自我批评，做到坦诚相见、以诚待人，讲真话、交实底，以心换心，大家敢于直面问题，相互批评诚恳实在，达到了“团结— 批评—再团结”的目的，班子团结、关系融洽的氛围非常浓。

2. 决策多民主

民主是抓好班子建设的基础。党政班子严格按照电工所《所务会议事规则》和《党委会议制度》办事，形成了一种自觉有序的规则意识。凡涉及“三重一大”重要事项，在决策之前都广泛开展调查研究，充分听取群众和专家的意见，深入进行论证和协调，最终形成让多方满意的方案。根据征求意见情况，每位成员都要充分发表自己的意见和建议，班子集体讨论决定，保证了决策的民主性和科学性，确保了研究所改革发展的正确方向和党的路线方针政策的落实到位。

3. 工作多支持

只讲保证不讲监督是消极的保证；只讲监督不讲保证是挑剔的监督。在尊重“班长”决策、认真贯彻民主集中制原则的基础上，所党委切实履行好保证监督职责，班子成员同唱“一台戏”，下好“一盘棋”。对所长的正确决策，配合、支持所长开展工作，通过思想政治引导、动员组织力量、人才保障支持等，保证了各项决策的顺利实施。对每位班子成员分管的部门、分管的工作，赋予其职责，给予其权力，支持其大胆独立开展工作。班子集体根据职责分工相互尊重，互相支持，互相补台，坚持多沟通、多商量，集体研究决定的事项就要坚决执行，营造了群策群力、舒心愉快的工作环境，确保了各项工作的较好落实。

4. 生活多关心

关心工作让人进步，体贴生活让人心暖，只有以诚待人，以情感人，才能真正营造同甘共苦、共同奋斗的团结氛围。班子成员也都是上有老、下有小的年龄。近几年中，每当遇到父母去世、生病住院等情况，班子成员都能做到相互关心，并在那个特殊时期，在生活和工作中给予当事人诸多的照顾和帮助。就是这些点滴的小事，将一班子人团结得更加紧密，心里也更加温暖，形成了心齐气顺、风正劲足的干事业局面。

（三）建设真心为民的领导班子

为谁用权，为谁掌权，是领导班子建设最核心的内涵。所班子把人文关怀落到实处，正确贯彻物质利益原则，把教育人、培养人、塑造人同尊重人、理解人、体贴人有机统一起来，做到情为职工所系，权为职工所用，利为职工所谋，增强了班子的感召力和凝聚力。

1. 关心职工发展前途

当今社会是知识的时代、竞争的时代，广大职工有着强烈的求知欲望和成功成才的追求。所班子适应这一时代要求，一方面，坚持支持职工提高能力素质、增强社会竞争力。自 2008 年以来，坚持每周五开展学术讲座活动，创办了青年博士沙龙、“名人讲堂”和院士报告会等，定期邀请国内外知名学者和专家来所讲课，增强了职工的科技人文素养，开阔了视野。所党委坚持不懈持续推动学习型、服务型、创新型党组织建设，聚焦研究所长远发展目标和职工素质能力提升，2015 年推动开展了 7 期创新思维系列培训，2016 年又组织了专利制度与专利技能专题培训，提高了广大职工胜任本职工作和适应未来发展的能力素质。另一方面，帮助和引导广大职工搞好职业生涯规划，扩宽职业发展路径。坚持用人所长，尊重个人选择，把按需设岗和人尽其才统一起来，尽可能使职工个人的发展目标和研究所的目标保持一致；改革现有科研组织模式，对科研业绩突出的青年科技人员采用破格聘用的方式使其担当重任；实施研究所“创新人才计划”、设立“所长基金”，用于支持青年科研人员从事原创性研究，鼓励多出人才、多出成果，通过以上措施，让职工看到发展的前景，对将来的前途充满信心。

2. 维护职工正当权益

这几年，研究所努力提高职工的福利待遇，全所职工年人均收入年年递增；全面推进医疗制度改革，对职工实行社会医疗保险和补充医疗保险，职工的医疗报销起付线仅为500元，报销比例达到了95%，看病就医得到了较好保障；全力维护职工休养休假权利，建立了职工疗养、休养制度，坚持每年选派科研骨干、特殊岗位人员参加上级组织的疗养、休养；每年组织搞好离退休职工、在职职工和研究生近1000人的全面体检，35岁以上职工二次体检和女职工专项体检；加强基础设施建设，2014年，对单位内部食堂和公寓进行了改造，大大改善了就餐环境和质量，部分缓解了青年职工的住房压力，为职工创造更加良好的工作生活条件。

3. 帮助职工排忧解难

班子成员牢固树立“群众利益无小事”的观念，始终把职工利益放在首位，把职工呼声放在心上。职工生病住院、向老专家祝寿、入所离所迎送等活动，班子成员都要集体参加，送去关怀和问候；设立特困救助基金，对家庭困难和患重大疾病的职工给予救济，2010年以来，所里每年都要拿出几十万元，对特困职工进行重点帮困。2011年至今，先后有多位职工罹患癌症、尿毒症等重病，班子成员几度前往医院、家中看望慰问，安慰鼓励本人及其家属，号召全所师生给予精神上的关心和鼓励，并以工会、单位、朋友不同的身份，纷纷施以援手，帮助筹集资金。在班子的积极鼓励和帮助下，患病职工也从开始的无助、低迷中走了出来，积极配合治疗，增强了战胜疾病的信心，家属也十分感激所领导和全所职工、学生的关怀，体现了电工所大家庭的亲情与温暖。

（四）建设公正廉洁的领导班子

党的十八大以来，党中央高度重视、全面推进党风廉政建设，对党员领导干部自身建设也提出了更高的要求。公正廉洁是每一名党员领导干部应遵守的基本原则，更是每一位班子成员的立身之本、从政之基。实践中我们感到，领导干部公正廉洁，职工群众就会自觉支持拥护，领导班子在群众中也就自然而然有了威信。

1. 坚持处理问题“一碗水端平”

班子上任伊始，就把树立正确的权力观放在重要位置，坚持民主集中下的所长负责制度，建立了所长办公会制度。在作出重大决定前，坚持充分征求广大职工的意见，班子成员积极建言献策，主要负责同志逐个征求每一名班子成员的意见和建议，而后严格履行民主决策程序，经过班子集体讨论决定。在涉及职工切身利益问题面前坚持“一碗水端平”，做到心无杂念，不搞有亲有疏。班子成员中，所长、副所长都兼任实验室的负责人，大家自觉做到做事不偏不倚，在经费使用、人员晋升、职级评定等方面从未对所属人员有过特殊照顾，反而标准更高、要求更严，往往牺牲和奉献了一些小团队利益，让全所职工心服口服。

2. 坚持干干净净做人做事

廉洁自律是党员领导干部必备的政治品德，必须常修为政之德，常思贪欲之害，常怀律己之心。这些年，班子成员的自身要求都很严，严格执行“八项规定”精神和收入申报、礼品登记上缴、个人有关事项报告等制度规定，福利待遇和职工一个标准。班子成员坚持重大项目建设公开招标，重大经费开支、人事安排集体研究，并按要求进行公示。2016 年建立了所“公示平台”，增强了政务、党务公开的透明度，凝聚了人心，赢得了职工的敬重和信赖，密切了党群干群关系。

三、党建工作取得的良好实效

在党政班子的密切配合下，在基层党支部和全体党员的共同努力下，研究所党建工作取得了一定成绩。

（一）大大增强了党组织在研究所的影响力和感召力，涌现出一批优秀党员个人和团队

电工所很多实验都要接触到有毒、有害物质，或者置身于高磁场、强

辐射环境，或者身处高原、海岛等偏远地区，全所党员冲锋在前、吃苦在先，用实际行动树立了党员的良好形象。大功率直线驱动研究部团队，攻克一个又一个技术难关，日夜奋战在调试现场，获得了中国西电集团的书面感谢和表扬。超导磁体团队完成的“高场静磁装备设计理论和关键技术及应用”项目荣获国家技术发明奖二等奖。五年来，先后有67名党员被评为“电工所优秀共产党员”。2011年，党员王秋良被评为中国科学院“先进工作者”。2016年，胡新宁研究员和阮琳研究员分别获得中国科学院“优秀党务工作者”“优秀共产党员”荣誉称号。在电工所入选中国科学院青年创新促进会的23名科研骨干中，党员就占到了20人。在党员队伍的影响和感召下，今年先后有2名“百人计划”获得者和1名课题负责人提交了入党申请书。

（二）有力推动了研究所科研工作的跨越发展

近年来，全所的科研经费、科研项目和科技创新能力大幅度攀升，科技竞争力和社会影响力也不断加强。由电工所研制的80万千瓦蒸发冷却水轮发电机在三峡地下电站投入商业运行，这是我国大型电力装备自主创新的重大标志，达到了世界领先水平。电工所研制的世界首座超导变电站在甘肃白银正式投入电网运行，这是目前世界上唯一的配电级全超导变电站，创造了多项世界和中国第一，被评为2011年度全国十大科技新闻。在延庆八达岭建成了亚洲首个兆瓦级塔式太阳能热发电站，受到各界关注，《人民日报》、中央电视台等全国主流媒体进行了报道。同时，电工所多项科研成果获得了国家科学技术进步奖二等奖，在实验室和平台建设、重大科研成果产出、人才培养、国内外交流合作等方面也取得了长足进步。

2015年，电工所顺利通过中国科学院组织的“十二五”期间“一三五”发展重点规划验收，其中，“大型蒸发冷却水轮发电机”“大型电力电子变流系统”“超导与电工新材料及应用”获评院“优秀”，“大型蒸发冷却水轮发电机”进一步获得了中国科学院“十二五”期间“标志性进展”。2016

◎ 北京延庆太阳能热发电基地

年，在“十二五”期间研究所科研成果及管理创新等评审中，电工所步入中国科学院“优秀”行列。在中国科学院组织的“十三五”期间“一三五”规划评审中，也位列前20%，被评为“优秀”规划。

四、加强班子建设的启示

在领导班子的带领下，电工所的各项工作快速发展，多项科研成果获得国家、省部级奖励，获批成为中国科学院“率先行动”计划能源领域特色研究所唯一试点建设单位，这些都得益于我们有一支团结协力、开拓进取、务实求真的领导班子。2012年，电工所荣获“优秀班子集体”荣誉称号，所长代表领导班子在全院工作会议上作经验介绍。电工所领导班子在自身建设方面取得了一些成绩，主要有以下四点体会。

◎ 甘肃省白银市超导变电站

（一）抓好领导班子建设，理论建设是工作根本

通过一系列的中心组学习，不断加强班子成员对马克思主义、毛泽东思想、邓小平理论、“三个代表”重要思想和科学发展观精神实质的理解和运用能力，尤其重点学习近平总书记系列重要讲话精神，不断增强班子成员的政治意识、大局意识 、核心意识和看齐意识，进一步提高班子的理论思维和战略思维能力，更加自觉地在谋大局、抓大事、管方向上下功夫。

（二）抓好领导班子建设，党政“一把手”的相互支持配合是关键

抓班子建设，所长和书记两人之间的相互支持配合至关重要。所长、书记之间既讲责任担当，也重情分谦让。有了责任相互担当、有了困难相互分担、有了荣誉相互谦让。实践证明，凡是所长、书记两个关系融洽、密切配合的，党政班子建设大多比较好。

（三）抓好领导班子建设，主要领导的以身作则是前提条件

“喊破嗓子不如做出样子”，抓班子建设，主要领导要发挥表率作用，“一级做给一级看，一级带着一级干”。工作中，主要领导要敢于担当，班

子其他成员要恪尽职守，大家要自觉维护班子的良好形象，主动而不越权，服从而不盲从，分工而不分家，形成了良好的干事业的工作环境。

（四）抓好领导班子建设，成员之间的团结和谐是重要基础

团结和谐的内部关系是抓好班子建设的根基，也是干好事业的关键。一班人都能自觉做到大事讲原则、小事讲风格，思想常提醒、感情常沟通，工作多支持、生活多关心，自然就能营造出浓厚的班子氛围，从而带动整个单位的快速、健康发展。

（撰稿人：张福宽　谢晶晶）

中国科学院电工研究所简介

电工所于1958年在北京开始筹建，迄今已有50余年的历史，是我国目前从事电气科学研究的唯一国立研究机构。建所以来，电工所始终以发展先进能源电力技术为己任，从研制成功我国第一台电火花机床、第一台磁共振成像永磁磁体、第一台体外冲击波碎石机，到协助诺贝尔物理学奖获得者丁肇中教授完成阿尔法磁谱仪的太空之旅，再到建成亚洲首个兆瓦级塔式太阳能热发电站、世界首座超导变电站，具有完全自主知识产权的80万千瓦蒸发冷却水轮发电机在三峡地下电站投入商业运行，电工所已经成为中国科学院能源基地的核心研究所之一，在先进能源电力技术与电气科学领域起到了骨干引领作用。

目前，电工所在职职工446人，其中中国科学院院

士1人，中国工程院院士1人，中国科学院“百人计划”入选者9人，国家杰出青年科学基金获得者3人，正高级职称人员50人。下设6个实验室，取得科研成果500余项，其中100余项已在多个领域得到了推广应用，先后获得国家、中国科学院及其他部级奖励100余项。2015年，电工所成为中国科学院“率先行动”计划能源领域特色研究所试点建设单位。

电工所党委坚持围绕中心，服务科研，下设党支部8个，其中实验室党支部5个，机关、研究生、离退休党支部各1个，现有党员539名，在职职工党员占党员总数的42%。电工所先后获党建创新奖一等奖1次、二等奖2次、三等奖1次，被评为中国科学院思想政治建设先进单位。

探索异地党建模式　助力大科学工程建设

▶▶ 中国科学院高能物理研究所

引　言

中国科学院高能物理研究所（以下简称“高能所”）东莞分部属于异地新建单位。2014 年 12 月正式成立党总支，下设五个党支部，现有党员 200 人。所党委从异地新建单位的特点和实际出发，创新党建工作的体制机制和方式方法，在聚焦中心任务、开展“两学一做”、加强所地共建、建立关怀激励机制、营造和谐氛围等方面，开展各具特色的支部活动，增强了东莞分部的凝聚力，确保了散裂中子源重大建设任务圆满完成。

一、工作背景

中国散裂中子源（China Spallation Neutron Source，CSNS）由高能所东莞分部具体负责承建，作为发展中国家的第一台散裂中子源，是开展前沿学科及高新技术研究的先进大型实验平台，CSNS 工程项目于 2007 年选址在广东省东莞市大朗镇水平村，总投资 22 亿元，2011 年 10 月 20 日开工奠基，建设周期 6.5 年，预计 2018 年竣工。建成后，它将成为世界四大散裂中子源之一，为我国在物理学、生命科学、材料科学、医药和新型核能开发等学科前沿领域的基础研究和高新技术开发研究，提供一个先进的和功能强大的中子散射科学研究平台。为保证工程进展，2013 年 2 月高能所正式建立东莞分部。目前，东莞分部共有职工 298 人，其中党员 200 人。

自 2013 年 5 月开始，原先在北京本部工作的大批东莞籍职工逐步转移到东莞工作，与此相适应，高能所东莞分部各级党组织逐步成立。在所党委的领导下，他们立足散裂工程建设特点，以“保障工程建设”为建设服务型党组织的根本着力点，服务科研、服务群众、服务党员，为推进工程建设发挥了不可替代的作用。

东莞分部各级基层党组织要切实开展好工作，为工程建设服务，就必须立足工程建设的需求。作为高能所在异地建设的一项大科学工程，CSNS 工程自身有其特点和难点。结合散裂工程建设特点，协助分部克服所面临的困难，正是东莞分部各级党组织所面临的艰巨任务和挑战。

（一）面对异地建设带来的巨大挑战

异地建设是 CSNS 工程建设的首要特点，这也为分部党的工作带来如下挑战。

1. 面临在异地进行党组织建设的艰巨任务

作为高能所在异地建设的基层党组织，如何保证一些重要文件的及时学习传达，如何解决东莞籍职工新党员转正和开展新职工入党培训，如何围绕中国科学院和所党委的工作部署开展各项活动等诸多问题，都成为 CSNS 工程中党建工作亟待解决的问题。

2. 长期异地建设导致职工情绪不稳

参与 CSNS 工程建设的职工中，既有落户东莞的职工，也有北京籍职工。北京籍职工是工程建设的骨干力量，需要长期驻守东莞，导致他们对自己家庭生活的参与度降低，很难取得工程建设和家庭生活两方面的平衡。

3. 面对所地融合共建的任务

作为长期落地东莞的基层单位，还要使广大党员了解地方情况，逐渐强化与地方的联系，逐步使党员融入当地党群工作环境中，配合和支持地方开展有关工作。

（二）青年人担当生力军的挑战

散裂工程建设队伍的主要特点是青年人所占比重特别高。在从事 CSNS 工程的所有人员中（北京籍、东莞籍职工），35 岁以下的青年人占总职工人数的 74.67%，在东莞籍在编职工中，这一现象更加明显，35 岁以下的青年人所占比重高达 93.56%，这使我们的工程建设面临许多新问题。

1. 年轻职工的业务水平亟须提高

大科学工程建设是一项系统工程，需要工程建设人员有着高超的技能和丰富的经验。CSNS 工程中的年轻人群体普遍缺少从事大科学工程建设的经验。在参加 CSNS 工程的所有人员中，入所 5 年及 5 年以内的人员占总人数的 74.67%。而在东莞籍在编职工中，这一比例达到 92.76%。要使这支队伍的业务水平能够达到 CSNS 工程的需求，必须要付出更多的努力。

2. 文化融合思想沟通任务艰巨

从事 CSNS 工程的年轻人多为应届毕业生，毕业于不同院校，带有不同的文化印记，对高能所的文化和环境有一个适应、融合和认同的过程。同时，青年人思想容易出现波动，易受诱惑，容易冲动。再加上文化传统和不同习惯的差异，很容易造成这个群体的情绪波动，酿成不良后果。所以，如何有效解决这些面临的问题，加强政治思想工作，对高能所党组织的政治思想工作水平和领导干部工作能力都是个极大考验。

（三）肩负参与组建分部机构的重任

双重建设任务是 CSNS 工程的又一个重要特点。在异地建设一个分支机构不同于在原单位组建一个职能部门或研究室，它需要从上而下建立一整套组织系统，如设立机构部门、招聘专职人员、制定有关章程、建立工作流程等，甚至建设办公地点、分配工作场所、购置办公家具、重新核对经费等，从而形成一个综合科研、管理、技术支撑的有机体。同时在新组建分部机构中还要配合 CSNS 工程，开展创新文化和园区环境建设，搞好党的自身建设，发挥党支部的战斗堡垒作用，这无疑都对高能所党组织提出一个不小的课题和工作挑战。

二、特色做法

（一）做好统筹规划，保证两地党建工作同部署、同落实

所党委始终将东莞分部党组织建设纳入所党委的整体工作中统筹考虑。

（1）成立基层党组织，推动基层群众组织建设，为东莞分部党组织发挥作用奠定组织基础。2012 年，高能所党委批准成立东莞分部（筹）党委，2013 年年底，在东莞分部召开党员大会，在民主选举的基础上，选举成立了 5 个临时党支部，2014 年年底正式选举成立东莞分部党总支以及 5 个下属党支部，为分部的党建工作发展奠定了基础。目前，各支部已经建

◎ 高能所党委领导赴东莞慰问座谈

◎ 通过视频参加高能所新党员宣誓大会

立了基层工会组织，正在积极筹建共青团、妇委会等组织。

（2）所党委领导每年赴东莞实地考察异地党建中存在的问题，结合实际开展专题调研，探讨改进措施，在东莞党员的组织关系转接、党员日常教育管理、入党积极分子培养和发展党员等方面制定了切实可行的组织管理原则，有效保证了东莞分部党组织工作的规范化和制度化。

（3）积极研讨，保证各项党建工作任务在东莞的落实。近年来，根据中央和中国科学院部署，高能所先后组织开展“三严三实”专题教育、“两学一做”学习教育、基层党组织书记轮训、基层党建工作述职评议考核等多项工作。在这些工作中，所党委统筹考虑，结合两地的实际制订实施方案，保证各项工作任务在东莞的实施。同时，充分利用视频系统，保证东莞分部党员能实时参与到本部的党员大会、培训报告等活动中，增强他们对高能所的归属感。现在，高能所开展的创新论坛、时事报告会等活动都与东莞开通视频，实现了资源共享。

（4）邀请高水平的专家赴东莞分部为党员作专题报告，帮助其开阔视野，提高理论水平。2015 年 10 月 19 日，邀请中国共产党中央纪律检查委员会驻中国科学院纪检组原组长王庭大同志为东莞分部全体党员作《学习践行“三严三实”全面从严治党》专题报告，120 多人出席，反响热烈。

除做好上述工作之外，所党委和纪委还积极探索异地工程建设中的监督审计工作。随着工程建设中新职工的不断增多，所党委也加强了对人员招聘工作的监督，对CSNS工程人员招聘过程中群众反映大的应聘人员进行详细调查，积极提醒和监督，充分发挥党组织在工程建设管理中的监督保障作用。同时，所纪委还开展了对CSNS工程的合同审计，从已经签订的合同中随机抽取部分合同进行调查，针对发现的一些问题，马上就与相关部门进行沟通，使问题得到了及时整改，堵塞了漏洞，既保护了单位的利益，也保护了科研人员，充分发挥了所纪委内部审计在重大工程项目中的风险预警和信息反馈的作用。

（二）指导东莞分部各级党组织开展工作，为散裂工程建设保驾护航

经过不懈努力，东莞分部各级党组织建设逐步步入正轨，并在所党委的指导下从以下几个方面着手，切实做好各项工作。

1. 聚焦中心任务，发挥政治核心作用

东莞分部各党支部的书记均为30岁左右的年轻人，为了鼓励他们参加室务会并在室务会上敢于发言发挥作用，分部党总支把党建工作与工程建设有机地结合在一起，做到同部署、同落实、同推动，参与分部重大事项的决策过程。在基层建立党支部书记参加室务会制度，参与室内重大问题的决策研究。明确要求支部书记要敢于在室务会上发表意见和建议，积极反映党员诉求，真正发挥监督保障作用。

例如，机关第一党支部结合东莞分部的实际，就《东莞分部医疗管理办法》《东莞分部婚假执行标准》等政策、办法的制定提出合理化建议；机关第二党支部就交通、食堂卫生、园区环境等方面进行了广泛调研，在支委会集中意见后，提交部门行政领导讨论；加速器支部党支部积极协助做好现场安全管理；协助室领导完成相关室务工作，负责出国政审、计划生育等项工作；中子科学部党支部关注办公区环境，对噪音问题提出改善建议；技术支持部党支部就外聘人员招聘事宜提出建议，参与讨论工程设备

安装，并提出建议。

2. 开展党员教育，发挥先锋模范作用

CSNS 工程正处在工程建设和设备安装的关键时期，尤其需要党员加班加点冲在一线，发挥模范带头作用。为此，东莞分部党总支与正在开展的“两学一做”学习教育相结合，在党员教育方面做出了一系列努力。

（1）发挥模范典型的榜样示范作用。东莞分部党总支积极组织推荐候选人参加高能所模范党员评选，经过所党委统一评选，东莞分部共有两名党员被评选为高能所模范党员（全所仅 11 名）。此外，还制定优秀党员评选办法，并开展优秀党员评选，激励党员发挥主观能动性，同时为分部党员树立了学习榜样。

◎ 高温假期间科研人员坚守岗位

（2）利用业余时间组织参观爱国主义教育基地，加强教育。在紧张的工程建设之余，东莞分部党总支以及各党支部组织党员参观广州起义烈士陵园、广州黄埔陆军军官学校旧址等爱国主义教育基地，加强爱国、爱党教育。

（3）在“两学一做”学习教育中注重与东莞分部的实际情况相结合，在专题学习、讲党课、写感想等多个环节都要求党员结合自己所承担的科研任务来进行，着重思考如何充分发挥党员的模范带头作用，立足本职，爱岗敬业，激发党员的党性意识。

上述工作取得了很好的效果，在繁重的散裂工程建设和设备安装中，党员普遍任劳任怨，冲在一线，发挥先锋模范作用，得到了职工群众的认可。

3. 加强所地共建，打造特色创新文化体系

东莞分部党组织着力打造具有东莞分部特色的创新文化体系，为推动工程进展营造良好的人文环境。

（1）汲取东莞当地的优秀文化，充分利用当地资源。东莞分部党组织引导和鼓励职工了解东莞、融入东莞，学习东莞人民踏实勤奋、敢为人先的优良品质。几年来，相继组织职工参加“松湖创新杯”50千米徒步、松山湖羽毛球比赛等活动，增强职工的地方认同感，帮助职工成为“新东莞人”。此外，东莞分部党总支还积极同中国科学院其他在广东省的单位开展交流合作，推动优势互补。

（2）加强交流合作，推进所地文化融合。东莞分部党组织积极协调地方党政部门，争取地方对散裂工程的理解和支持，以达到互利共赢的目的。一方面，充分利用东莞松山湖高科技园区、创新平台等各种资源，推动工程建设的顺利进展；另一方面，注重运用分部丰富的科学文化优势，将科普宣传、科学文化传播渗透于宣传教育之中，使分部在推动地方发展中发挥积极的促进作用。

4. 贯彻群众路线，帮助职工解决实际困难

东莞分部党组织深入了解一线工作动态，及时发现问题，做好党员群众思想工作，努力营造和谐向上的工作环境。

（1）发挥桥梁纽带作用，协助职工解决实际问题。东莞分部党总支通过各种渠道及时、准确地发现舆情，汇总整理群众意见，为分部的战略决策提供信息支持。例如，在职工子女入托问题上，大多数职工初到东莞，对当地的教育信息和人才优惠政策不了解，东莞分部党组织积极协调周边的优质教育资源，认真做好政策宣传，安排专人做好招生统计工作，帮助职工子女解决入托入学难题，使职工能够专心致力于工程建设和科研工作。

（2）重视思想工作，建立激励关怀机制。积极探索在新环境、新情况下开展思想政治工作的新思路和新方法，注重发挥党员大会、支部组织生

◎ 举办第一届职工运动会

活会作用，对职工在科研、管理等工作中发生的思想问题，及时进行疏导，化解矛盾，引导职工，凝聚人心。

（3）创新服务手段，助力工程建设。充分发挥党组织协调各方、整合资源的作用，深入群众之中，为职工办好事、办实事。例如，帮助家庭条件困难的职工申请资助；针对北京籍职工长期两地分居问题，及时了解情况，悉心开导，并尽量协调好北京籍职工的出差时间；与松山湖有关部门沟通，在上下班高峰期增设公交线路，解决职工上下班交通问题等。

5. 组织特色活动，营造和谐文化氛围

东莞分部党总支以及各党支部组织了一系列有东莞特色的文体活动，让文体活动成为文化建设的良好载体和平台，增强了东莞分部职工的凝聚力和向心力。

东莞园区环境闭塞，业余生活比较单一，我们发挥基层部门党支部和工青妇（筹备组）作用，结合工程建设时间进度，因地制宜地开展丰富多彩的活动。例如，在“三八”妇女节期间，组织了女职工趣味运动会；在“五四”青年节期间，组织职工摄影比赛、篮球赛、羽毛球赛等系列活动。这些活动都极大地吸引了东莞分部广大职工的积极参与，增进了各部门之间的沟通和了解。

增添娱乐设施，丰富职工业余生活。重视服务支撑体系建设，多方筹措资金，完善各类文体设施，努力提高职工的幸福指数。例如，利用一层报告厅空置时间段，建成临时羽毛球场馆；在综合楼二层，开设职工活动中心，安置了跑步机、乒乓球台等健身器材。

三、主要成效

经过各级党组织的共同努力，党组织在推进工程进展，实现从北京到东莞的平稳过渡，推动东莞分部工作步入正轨方面发挥了不可替代的作用。

在工程建设中，东莞分部各级党组织通过发挥引领作用，带领全体党员和广大职工自觉日夜奋战在工程一线；通过各支部老党员的模范带头作用，言传身教地带出一批新的科技骨干，并逐步成为今后科技工作的带头人；通过参加驻厂设备研制，一批年轻科技工作者在老党员、老同志的关心和帮助下，克服长期驻外造成的各种家庭困难，逐步成长为关键设备质量的把关人；通过所党委和纪委的指导监督，东莞分部各级党组织积极贯彻中央精神，及时通过各种会议布置传达有关科研经费使用、国内会议相关规定、出差用餐及住宿标准，及暂停和清理设立分支机构等文件的学习，并展开检查落实，有效地发挥了监督保障作用。正是通过这一系列工作的开展，东莞分部的散裂工程建设和人才培养取得了长足进展。东莞分部现有东莞籍职工 240 多人，平均年龄 31 岁，其中已有 16 名同志走上系统负责人岗位，5 名同志踏上部门负责人岗位，他们中的一半以上是共产党员。正是由于各方的努力，散裂工程项目中的年轻人通过实际工作锻炼成长，工程的土建项目也基本完工，设备安装调试等工作紧锣密鼓已进入后期，工程整体上进展顺利。

在科研和开发工作上，随着工程接近尾声，东莞分部已经着手提前布局。通过与省、市、区、镇的接触和交流，积极了解地方政府的不同需求，成立了技术与产业办公室，制定了工作职责，确立了工作人员。通过积极争取省、市课题的方式，以解决地方生产和技术问题来带动分部青年科技人员迅速成长，努力为推进地方经济增长做贡献。通过组织横向开发课题，积极推进技术成果转化，现已取得一些进展。通过一系列工作，使东莞分部的科研和开发工作初见成效。例如，东莞分部从2013年前搬迁到此至2016年8月止，共有20人次争取到27项课题，总经费约1600万元；横向开发课题26人次，签订合同37项，总金额600多万元。从中我们清楚地看到，在这些科技工作的推动中，又是许多共产党员走在前面，他们不仅是工程建设中的先锋，又在科技工作和成果转化中站到前列。他们很好地理解了科技是第一生产力的深刻含义，积极响应中央大众创业、万众创新的号召，以自己的实际行动践行着共产党员的誓言。正是由于各方的努力，东莞分部的科研和开发工作逐步进入发展轨道，势必有越来越多的科技工作者投入科技创新活动中。

四、创新启示

要想在大工程建设中发挥好党组织的作用，实现服务型党组织建设的目标，我们深切地感受到党的组织建设、发挥党员的先锋模范作用、提高文化理念认同是最基本的经验。这些工作分别从思想上和组织上，为党组织在异地大科学工程建设中发挥保驾护航作用奠定了坚实基础。

（一）要提早做好顶层设计，培养干部，逐步建立党群工作的团队

所党委将CSNS工程中的党组织建设工作纳入全所全盘党建工作中考虑，以前瞻的眼光做好人才储备，着力做好基层支部建设，为东莞分部的党组织建设提供人员和组织的双重保障。

提前打造党务干部队伍。在工程筹建初期，参与散裂建设的职工绝大部分都在北京本部，所党委引导各基层党组织及工青妇组织，积极发掘东莞籍职工中的积极分子，培养了一批党群工作骨干。

推动新建支部积极工作。东莞分部在开展集体活动的同时，也注重发

挥各支部的个性，在党支部书记平均年龄只有30岁左右的情况下，鼓励他们积极开展体现本支部特色的活动。

（二）要真正发挥党员作用，以点带面，不断形成以老带新的工作局面

在工程建设中重视发挥党组织和党员的模范作用，动员广大党员在科技创新等重大项目和重要工作中勇挑重担，是高能所在CSNS工程中采取的十分有效的方式。

在异地工程建设中，职工普遍存在不便照顾家庭、孩子落户入学不易、探亲交通费用支出过大等困难，这就需要党员有更多的奉献和牺牲精神。为此，我们将党员教育融入党的日常工作中，通过参观爱国主义教育基地、观看教育影片、组织学习等形式，增强党员的党性修养，鼓励他们为职工群众做表率。同时，东莞分部注重发挥老党员的作用，通过他们的以身作则来教育影响年轻同志。

（三）要不断加强文化建设，传承理念，在异地工程建设中保持文化传统

高能所是我国建设高能物理大科学装置的骨干力量，建有北京正负电子对撞机、中国散裂中子源、西藏羊八井国际宇宙线观测站、大亚湾中微子实验室等一系列大型装置。在长期的大科学工程建设中，形成了一整套与大兵团作战的工程建设相适应的文化传统，包括高度的责任感、良好的团队协作意识、从全局着眼的集体主义精神和野外作业的吃苦能力等。所党委注重通过各种平台和渠道，传承高能所的特色文化，塑造文化软实力。正因为如此，才能使全所齐心，形成合力，这也是高能所党组织在推动CSNS工程中积累的又一经验。

可以说，随着工程建设的推进，东莞分部新职工在领悟中国科学院精

神，理解大科学工程理念，继承高能所优良传统等方面有了质的飞跃，让老职工感到欣慰。例如，2014 年，东莞一名年轻职工在假期不幸发生交通意外，多名职工第一时间赶到抢救医院，为她献血，联系在外地的家人，昼夜值班看护。当听说需要大笔抢救费用时，该名职工所在单位的党支部发出捐款号召，分部各部门的党支部也积极响应，同时北京本部的单位密切配合，在短短的两天时间里，东莞分部的近 200 名职工共捐款 16 万多元，为该名职工的救治和恢复提供了极大帮助。

散裂工程竣工后东莞分部还有很长的路要走，如何最大限度地利用好大科学装置平台，如何产出更加丰硕的科技成果，高能所正在努力，党组织和广大党员还有大量大作要做。但各级党政部门只要坚持“两学一做”，坚持正确导向，贯彻科学精神，真正发挥好每个党员的作用，就会加快科技成果产出的过程，不断实现科技创新。

（撰稿人：潘卫民　王　欢）

中国科学院高能物理研究所简介

高能所是我国从事高能物理研究、先进加速器物理与技术研究及开发利用、先进射线技术与应用的综合性研究基地。其前身是创建于 1950 年的中国科学院近代物理研究所，后改称物理研究所、原子能研究所。1973 年 2 月，根据周恩来总理的指示，在原子能研究所一部的基础上组建高能所。

建所以来，高能所开创并推动了中国的粒子物理实验、粒子天体物理实验、粒子加速器物理与技术、同步辐射技术及应用等学科领域的研究和发展，培养了一批优秀科学家，取得了一批高水平研究成果，研发了许多高技术产品，为国家科技事业发展做出了重要贡献。

高能所的战略定位是：国际领先的高能物理中心之一，具有世界先进水平的大型、综合性、多学科研究基地。基于这一战略定位，高能所制定了短期、中期、长期的发展规划，目前全所职工正以这个战略定位为目标，积极投身各项工作，戮力奋斗。

高能所党委下设 46 个基层党组织，其中，党总支 6 个，党支部 40 个，东莞分部党总支属于异地党组织，共有党员 200 人。全所共有党员 1486 人，在职党员 755 人，学生党员 147 人，离退休党员 532 人，其他 52 人。

崇尚科技报国　矢志创新为民

▸▸ 中国科学院电子学研究所

引　言

中国科学院电子学研究所（以下简称“电子所”）党委坚持围绕中心，服务大局，发挥政治和思想优势，着力打造“科技报国、创新为民”的创新文化。坚持文化建设面向研究所发展战略，特别是与“一三五”规划和“率先行动”计划，坚持文化建设融入科技创新实践之中，坚持文化建设扎根在党员群众之中，促进和保障了研究所全面、协调、可持续发展。

一、主要思路和做法

电子所长期坚持以国家安全和经济社会发展重大科技问题与任务为导向，部署创新方向、建设管理体系、配置创新资源、组织创新队伍、突破关键技术和科学理论，并把这些理念深入贯彻到科学研究的基层，是电子所党委开展党建工作的出发点和落脚点。

（一）面向创新驱动发展战略的历史命题，建设勇于担当的科技文化

电子所具有悠久的历史和文化积淀，这些积淀来源于基层，主要表现在：初步建成了“创新、求实、团结、奉献”的优良所风；特别是以践行科学院精神和航天精神为契机，发挥求真务实、崇尚技术、勤勉认真、埋头苦干、注重实绩的优良传统，能够在技术攻关和重大任务中发挥组织的集中优势，同心协力，攻克难关。应该说，这种趋于内敛的、埋头苦干的、严谨求实的、诉求于技术本身更多的科技文化在相当长的一段历史时期中支撑了电子所的技术积累和技术发展，使得电子所能够在建设创新型国家的进程中找到满足国家科技需求的切入点，完成了自身发展阶段的重大跨越。近年来，电子所科研经费快速增长，这体现了电子所不可替代的核心竞争力。

随着科研收入和科研任务体量的快速增长，以及国家对科研队伍建设要求的提高，电子所的文化中也显现出和滋生了一些消极的方面，主要表现在：干部职工中不同程度存在的小富即安、自我满足、畏惧困难、精神懈怠、不思进取等倾向；锐意进取、持续创新、团结协作、跨越发展的昂扬劲头不足等问题不同程度地存在。

在创新驱动发展责任感的驱动下，电子所领导班子及时抓住并研判研究所文化中存在的消极因素，形成了关于创新文化建设的高度共识，着力提升研究所面向国家重大需求做出更大科技贡献的决心、信心和紧迫感，调动和凝聚各方面力量，打造积极进取、勇于担当、开拓有为、更富有竞争力的科技创新文化体系，努力开创文化引领科技发展、科技发展促进文化建设的新局面。

电子所领导班子始终认为，当前研究所发展中存在的最重要的问题就是我们的科研能力不能够全面满足国家在相关领域中的战略需求。国家的投入和重视程度与日俱增，我们作为科技国家队，没有任何理由躺在原来

的功绩簿上以逸待劳，这也是电子所文化建设的核心关注点和出发点。能不能迅速有效地提高研究所满足国家相关科技领域战略需求的能力，是电子所人应该最关切的命题。领导班子不仅把这种共识作为班子紧密团结的中枢纽带，而且努力地把这种思想、意识和思维习惯贯彻到基层，在每个项目中，在每个科技人身上。

（二）围绕科技创新主战场，突出业绩，凸显实效，把文化建设融入科技创新中心工作

电子所党委始终坚持，作为研究所的政治部、组织部、宣传部、后勤部，研究所的改革发展与稳定是检验党委工作的唯一标准，也是党委工作价值的最终体现。党的建设工作必须落到基层、融入科研、紧贴职工，党委不图虚名、不求虚荣、不做虚功。电子所根植于科技创新主战场的科技创新文化建设就是要融入科研工作，突出业绩，凸显实效。只有这样，才能够有效保障科技创新能力的持续提高。

“一个围绕”是指电子所的创新文化建设始终围绕科研中心任务开辟战场，千方百计融入中心任务中发挥积极有利的保驾护航作用，并在这一过程中促进创新文化体系的形成、强化和成熟。

近年来，电子所在认真学习实践科学发展观、创先争优、党的群众路线、“三严三实”以及“两学一做”专题学习活动中，紧密结合科研中心任务以及“创新 2020”和“十二五”规划的制定工作，所党政领导班子两次深入所属各研究部门开展专题调研，梳理发展中存在的问题，广泛听取意见和建议，并把所层面重大决策的具体情况向各部门做面对面的解释和说明，了解并疏导民情民意，上下齐心协力认真研究和解决发展中存在的问题。通过这两次全所范围的调研摸底和上下沟通，全所各层面梳理问题的流程和机制得到了建立健全，广大职工对研究所发展中存在的突出问题、现状及前景有了更加全面、清晰、深刻、理性的认识，参与研究所建设的积极性和热情得到了极大的激发，主人翁意识得到了

强化，同时，所内各级组织和部门也都提升了出台重大决策要广泛接受监督和听取各方面意见的自觉性。通过这一制度建设的具体过程，文化建设点点滴滴融入中心工作中的方方面面，制度建设促进工作作风的改善，工作作风带动了人心的凝聚，人心的凝聚最终以文化的形式固化下来。

通过这一过程，电子所的文化建设有效地聚焦科技创新，进一步强调了真抓实干，进一步统一了思想认识、拉近了感情、激励了斗志，也进一步集中各方面的智慧和力量，最大限度地将群众智慧和精力集中在谋发展上面，有力地保障和促进研究所全面、协调、可持续发展。

“一个突出”是指着力建设“突出业绩，凸显实效”的务实文化和作风。严谨求实一直是电子所的优良传统之一。在国内外竞争日益激烈的科技领域，要拿出能够满足国家需求的过硬的技术产品，就需要把这种精神进一步弘扬光大。在电子所的创新文化建设领域，主要通过制度的导向作用来强化这种业绩意识和实效意识。这是一种务实的文化，是把很多工作目标都进行量化和细化的一个管理和思维习惯。

电子所普遍把“归零”作为一种普遍的管理要求深入工作的方方面面。其中，技术归零就是强调要做到“定位准确、机理清楚、问题复现、措施有效、举一反三”；管理归零就是强调要做到“过程清楚、责任明确、措施落实、处理严肃、完善规章”。从某种程度上来讲，这种管理理念影响着科研人员和管理人员的做事方式，深刻地决定了研究所文化的风格。

电子所一直努力把“归零”的理念一直延伸到了针对每个人的工作管理中。2005 年，电子所首次实行部门管理目标责任书制度；2008 年，实行全员管理目标责任书制度，即每个人都和部门领导签订管理目标责任书，把自身的工作目标以量化的形式明确下来，并与年终考核紧密挂钩，实现了每个人年度工作目标的“归零”。在考核的定量部分，甚至量化到了具体的数据和表格。在这一过程中，促进了每个人培养强烈的目标意识，每一个工作环节都强调实际效果。近些年来，通过有意识的文化氛围营造和引导，注重业绩、注重实效已经成为电子所科技创新文化的重要内容，有力地支撑了科技事业的持续平稳快速发展。

（三）文化建设着眼基层、扎根基层、服务基层，把文化建设的根基牢牢建立在基层

无论是事业的发展还是党的工作，乃至文化生命力的根基，都在于基层。拥有最基层的组织和人员的身体力行，有了广大群众的认可、参与和支持，文化建设的蓝图设想和艰苦努力才能一步一步落地生根，获得强大持久的生命力。在创新驱动发展战略的实施过程中，作为国家科技队的领头羊和火车头的中国科学院研究所，紧迫需要最大限度地团结和凝聚基层科技工作者，把他们凝聚在科技报国的这面旗帜下，把他们的创新热情、聪明智慧、思想才能和责任担当体现到一项项具体的科研工作任务中。只有这样，研究所的科技担当才具有最牢固、最强大的根基。

引导基层党组织摸准部门中心任务的脉搏，以贴近部门中心工作的方式建设科技文化，把基层党组织的正能量注入中心工作中去。例如，电子所第四研究室长期承担国家重大工程所急需的各种微波电子真空器件，这关系到国家航空航天事业受国外器件“卡脖子”的关键环节。第四研究室党总支紧密围绕科技创新任务，围绕任务中最困难、最艰苦的部分努力发挥党组织和党员的作用，把先进文化的渗透作用融入各项工作中。在科研项目攻关的关键点，在多品种小批量生产环节，在技术改造和条件建设等项目的组织实施中，在质量体系、军标线审查中，在保密、安全管理工作中，在怀柔园区建设与搬迁中，处处都是基层党组织和文化建设的用武之地。特别是在过去的两年中，由于科研任务的需要，研究室需要整体从中关村园区搬迁至怀柔园区。面临着许多青年科技骨干孩子年龄尚小、在中关村上学及居住等实际困难，研究室党总支及时召开了“搬迁怀柔强化作风”的民主生活会。在民主生活会前，党员领导带头进行了困难摸排和情绪疏导，并在会上

作了实事求是的批评与自我批评，会后立即想方设法在怀柔建设“职工小家”。通过一系列的具体而细微的工作，大家在互相鼓励中增强了克服苦难、团结协作、坚守岗位的信心。就在第四研究室怀柔搬迁期间，某重点课题组接到了紧急的任务，三个月内完成交付多注速度调管20多支，在时间紧、任务急、工艺线还没来得及调试就绪的压力下，第四研究室的一干人马加班加点，边搬迁、边调试、边生产，克服重重困难，按时足额完成了任务，产品合格率达到了100%。第四研究室党总支始终认为，正是融入科研的过程才能够体现基层党组织的凝聚力，正是克服困难的过程才能淬炼出一个团体的文化。2016年，电子所高功率微波源与技术重点实验室荣获全国总工会颁发的“模范职工小家”和“全国质量信得过班组”的荣誉称号。电子所不是将这些视为简单的荣誉称号，而是作为对国家科技事业的庄严承诺，作为对基层职工的真诚关切。

在电子所各个研究室，科研人员都面临着任务紧、压力大、加班常态化的情况，特别是外场试验条件艰苦，有的出外场需要长达一个月以上的时间。在这样的工作压力下，能不能建设过硬的文化，不仅关系到

◎ 2016年电子所千人共祝建所60周年

科研事业能否发展得更加健康，而且关系到基层群众职工的幸福感。各基层党组织都把这项任务作为党建工作融入中心工作的主要抓手，围绕中心任务，特别是中心任务的关键环节和困难阶段，想方设法发挥基层党组织的团结、鼓劲、带头、引领作用，从而建设一个以事业为先、以事业为傲，以群众为根本、以群众为根基的积极向上的创新文化。电子所八室党总支针对研究室规模扩充给管理造成的压力，提出了“管理帮助”措施，帮助每一位职工明确自身的岗位职能和考核依据，这样既能够分解研究室行政领导的管理压力，也能有效地帮助新职工迅速进入工作角色，有目的性地开展工作，最大限度地有所作为。八室党总支还开展了“假期一本书”的文化关注活动，每逢小长假来临，总支就遴选一本值得阅读的精品图书发给职工，以高质量的书籍来补充职工的文化生活。目前已经发放了《史蒂夫·乔布斯传》《浪潮之巅》等经典书籍，受到了职工的广泛关注和好评。

电子所党委始终注重倾听基层的声音，特别是不同的意见，注重采纳基层的智慧和建议，解决基层的问题和困难，以此作为调动基层积极性的根本举措。事业发展的根基在于基层，电子所党政班子时刻把主要心思和精力放在基层，并通过制度建设使之常态化。

每年结合领导班子民主生活会的议题准备工作，电子所党委都会组织召开研究部门负责人、管理部门负责人、青年科技骨干、职工代表、党务干部、研究生代表、离退休职工等系列专题座谈会，围绕研究所的创新发展和基层遇到的实际困难、问题，认真听取基层的群众意见；积极发挥职代会作用，精心组织职工代表提案，解决群众关心的突出问题。所党委每年都把解决 1 ～ 2 件基层反映最强烈的“老大难”问题作为重中之重，先后解决了近些年来基层反映最强烈的食堂就餐环境的改善等一系列具体问题。同时，所党委也要求基层党组织每年解决基层群众反响最强烈的问题 1 ～ 2 件，并作为年终述职评议和考核的重要依据。

在日常工作中，提倡眼睛向下看、思路朝下想的工作作风。电子所班子成员结合在各自分管的基层工作中出现的问题和难题，带头深入基层调研蹲点，分析问题形成的原因，了解基层群众存在的思想困惑，帮助基层部门出谋划策，协调各方资源和力量，推动实际问题的解决。同时，还特别关注职工群众工作、生活乃至情绪上的具体问题。

电子所注重挖掘身边科技人的先进典型，用身边的榜样感召和带动广大群众。2016 年，电子所雷斌荣获“五四青年奖章”，王刚荣获中央国家机关“优秀共产党员”称号和中国科学院“优秀共产党员”称号，闫国刚荣获中国科学院“优秀共产党员”称号。所党委采取多种形式宣传他们的模范事迹，为党员和群众树立了榜 样。

同时，电子所下大力气关心关注基层群众的身心健康和幸福指数。例如，针对电子所群众反映比较集中的“老大难”问题，电子所党政领导高度重视，深入周边研究所调研，调整优化了食堂经营方式，以更高的标准重新招标了食堂承包商，并已经着手对食堂的就餐环境进行根本性的改善。目前，食堂内部重新整治方案已经通过所务会审定，已经全面完成食堂就餐环境的改造，群众能够在更加明亮干净的环境里吃上更加健康可口的午餐。围绕怀柔园区职工群众的文化生活，电子所花大力气推进怀柔园区职工之家的建设，开展“职工小家”试点工作，推进全面健身活动，切实提高了职工身体素质。在改进健康体检工作方面，电子所把工作重点从关注体检过程的协调管理向关注职工身体健康状况并进行跟踪指导转变。在体检后，要求体检医院出具团检报告，对发现问题的职工进行重点跟踪回访，并针对在体检中发现的共性问题，邀请医院专家到所作“慢性病与健康管理”专题讲座，为职工发放了健康管理手册，持续提高职工的健康意识和自我管理能力。电子所党政班子主要领导把点点滴滴的群众意见记在本上、听在心里、落在实处，时刻提醒自己把解决群众实际问题、实际困难放在日程表的前头，把力气放在下头，把功绩忘在后头。这是党员干部实际工作作风的展现，更是一种潜移默化的文化推动力，从上至下地影响到了工作的方方面面，缓慢却深远地影响着研究所价值观建设和科技竞争力。

在推进群众路线教育实践活动过程中，电子所通过扎实的工作部署强化了三个保证。一是保证群众提出的意见和建议都得到认真讨论、落实或信息的及时沟通与反馈，有的意见可能因为信息不平衡导致可行性不强，也要做好解释工作；二是保证每一条合理化意见和建议都能够反映到相关部门和主管所领导；三是整个教育实践活动不走过场、不喊口号、扎实推进、确保效果。

电子所党委始终认为，科技文化应具有更加包容的特质。科学本身就是建立在分门别类、格物致知上的矛盾体、统一体。以包容的心态来看待科技本身，以更广阔的视野来考察科技发展的历史、当前和未来，更需要对科技发展的包容和对科技人员的包容。特别是在电子所这样涉及众多领域、众多学科的复杂机构，焕发出新一轮的创新激情，集中力量办大事都需要广泛的包容和竞争中的和谐。

二、成效与思考

电子所近年来通过努力，创新文化建设活动取得了显著效果。基层群众的工作环境、生活水平和创新热情稳步提高。近年来，在中国科学院组织的评估中，电子所是同类研究所中发展最好的单位之一。电子所职工群众也越来越展现出富有正能量的精神风貌。在2015年举办的全院运动会中，电子所取得了总分第三名的历史最好成绩。在各类工作中，研究所也涌现出一批获得嘉奖的个人和集体。

这主要得益于研究所始终坚持把以基层为本、突出科技创新特色这一优良传统与党的各项重大工作紧密结合，把事业发展和群众满意作为检验工作效果的根本标准，把“创新科技、服务国家、造福人民”作为根本出发点，努力把握好创新科技实践活动的工作方向、节奏和问题，按照严谨、务实、基层的要求，切实改变工作作风，保障了科技创新工作平稳快速发展。

创新文化并不是一个单独的存在，它内化于研究所的各项工作，外化于研究所积极向上、严谨求实的创新氛围。在创新文化的保障和带动下，电子所各项工作有序推进，多项工作都获得了较高的外部认可。电子所四室宽带速调管组荣获由中国质量协会、工业和信息化部、国家质量监督检验检疫总局、中华全国总工会、中华全国妇女联合会、中国科学技术协会六家单位联合颁发的“全国质量信得过班组”荣誉称号，是中国科学院系统唯一荣获此称号的单位。同时，电子所的安全保密、基础建设和工青妇等各方面的工作扎实推进，正逐渐成为创新文化的重要体现和组成部分。

与此同时，研究所党委深刻认识到，创新文化的建设是一个持续渐进、没有终点的动态过程，今后仍有很长的路要走，还有一些问题亟待解决。

（1）文化的建设方向不仅要在可见的物化的制度建设和群众活动领域中大展身手，还需要在思想、感情方面进一步拉近与群众之间的距离，了解需求，提供支援与服务。事实上，后者的难度和要求都更高。在科研院所的基层群众的受教育程度高、多元化思维凸现、自我实现的诉求更加强烈，在多元化文化的大环境下怎样才能做到有效、深入、持续，如何针对这样的实际情况，用系统连贯的主流价值观感召和引领基层的文化走向，仍然是摆在面前的一项重要而艰巨的任务。

2013 年 7 月 17 日，习近平总书记视察中国科学院并发表重要讲话，对中国科学院提出了“率先实现科学技术跨越发展，率先建成国家创新人才高地，率先建成国家高水平科技智库，率先建设国际一流科研机构”的要求。2014 年 8 月，中国科学院公布了“率先行动”计划的具体内容，作为统揽中国科学院当前和今后一个时期改革、创新、发展的行动纲领。中国科学院“率先行动”是建设创新型国家的重要举措，也是中国科学院作为国家科技领头羊、火车头作用发挥的重要体现，其目标是到 2030 年率先实现科学技术跨越发展、率先建成国家创新人才高地、率先建成国家高水平科技智库、率先建设国际一流科研机构。在这一系统的行动规划中，与其同步的科技文化建设不仅能够通过凝心聚力来支撑“率先行动”的一致性、持续性和有效性，还能够通过价值体系、身份认同、情感维系的建设把创新的驱动力固化下来，并以文化的形式将这种动力传播得更加深远。这不仅是科技团队共同的财富、共同的脉搏，更是一个国家和民族所拥有的软实力。这种科技创新文化应站在担当社会主义核心价值观的中梁砥柱的层面上加以思考、策划和实施。

◎ 电子所人造大理石微波固化技术落地广西贺州

（2）在科研院所，党组织的服务功能如何围绕科技创新的中心任务、突出特色，在实践中不断定位新的着力点和突破口，这仍然是一个需要不断研究解决的动态问题。在这个动态的、不断发展变化的过程中，存在哪些规律，目前我们的掌握仍然显得不够深入和全面。

在现代生产力和生产关系的复杂系统中，科学技术起着第一位的变革作用。在现代文化价值体系的构造中，与科学技术相关联的文化也是社会价值观中最重要的推手。科技不仅以其具体产品的方式改变着人们的生活和思想，而且科技本身的发展方式也影响着社会生活和人们的思维习惯。一个典型例子就是，与西方国家工业化进程紧密相连的工具理性不仅演变为西方价值观的核心要素，也是其在全球内施展霸权的重要手段。从一定程度上来说，工具理性不仅是科技发展所带来的工业化的产物，也是西方工业化社会不断发展的动力。这也就是要求，科技从业者应当具有与科技发展程度相匹配的文化自觉。科研院所由于其技术的国际性，科技人员的国际视野一般较为广阔，要在文化的建设中引导他们深入思考与技术相关的伦理道德、价值判断和精神家园建设，要把这种建设内化于科研人员的心理自觉，建设一支与国际竞争接轨的科技文化，要强化这种文化的主动甄别力、吸收批判力和比较竞争力，就是要增强每一个科研个体的文化自觉意识、文化建设的担当意识和文化传播的主人翁意识。从这个角度来讲，作为科技从业者，不仅肩负着创新驱动发展的重任，同时也担任着在中西文化的比较中自觉地建设科技创新文化的重任。其实，这两者往往互为因果、互为条件、互为促进，组织

◎ 卫星地面处理系统研发团队

的责任更多的是引导和鼓励这种文化的自觉意识和责任意识，并把其中优秀的经验固化下来，传承下去。

（3）如何建立健全文化建设的长效机制，不断巩固和发展业已取得的阶段性成果，还有大量工作要做。更高境界的文化建设是用文化引领而不仅仅是顺应科技创新发展的方向和态势。如何按照文化的物质层面、制度层面和价值观三大层面，层层衔接、环环相扣、阶段递进的要求进行系统化的顶层设计和建设实施，特别是建立现代科技发展观中与中华传统文化的相互关联的纽带，还需要我们深入挖掘和自觉维系。而在这一过程中，还需要建设相应的效果反馈体系。

目前，中国科学院围绕“四个率先”推进的分类改革，创新文化的建设应该瞄准重点、难点和攻坚点，在最关键的时候凸显战斗力。改革就是利益关系的调整，必然会面临一些矛盾、难点和问题，有的还会在一定条件下激化。是否能够直面问题，其实是一种文化能够真正站得住脚、赢得人心、传承弘扬下去的重要检验标准。如果大家在公开场合都回避矛盾、避重就轻，那么必定会在私下里放大矛盾。本来的问题很小，波及面并不广泛，但是压抑的时间长了，负面情绪积累得久了，就可能导致无可挽回的损失。这就需要以务实的文化来及时消化组织里的“熵”。只要是有利于事业发展、增加职工幸福感的，就应该有文化面对的勇气。这在改革的进程中是不可或缺的文化品格，或者说文化保障。

在改革的持续推进中，率先文化应该以超前的眼光不断整合优势因子，确保在各种文化比较中处于优势地位。这是一个自我正视和调整的能力。在中国的传统文化中，“天人合一”是核心的观念，它使中国在相当长的历史时期内处于文化和经济的领先地位。当前它仍然具有顽强的生命力。同时，在历史演进中我们的科技文化也有一些封闭化的弱点，使它处于自我循环的不利环境，错失了发展的机遇。同样，西方科技文化中也有一些值得学习的精髓，特别是在自我意识下的自由理念极大地解放了思想、激发了创新。创新文化就是要本着务实和包容的精神，用超前的眼光，不断调整自身的因子构成，以动态迎接挑战，以包容面对质疑。既不墨守成规，也不妄自菲薄。率先文化就是要率先做到这一点，从小事做起，从细节做起，率先把那些阻碍发展的文化因子识别并有效清除，把那些有利于发展的因子加以放大、强化、传承和弘扬。

（撰稿人：陈 伟 袁胜华）

中国科学院电子学研究所简介

电子所是1956年根据国家十二年科学发展远景规划和发展无线电电子学等新技术的四大紧急措施而创建的我国第一个综合型电子与信息科学研究所，主要从事电子与信息科学技术领域的应用基础研究和高技术创新研究，目前已形成了微波成像技术、微波电真空技术和地理空间信息技术三大支柱领域，以及微波成像基础研究、电磁探测技术、先进激光与探测技术、传感器与微系统技术和可编程芯片技术5个重点领域方向。研究所下设14个研究部门。

电子所党委下设8个党总支和8个直属党支部，共有党员1113人，其中在职党员543人，研究生党员280人，离退休党员290人。

围绕中心主动作为
助力“率先行动”计划实施

▶▶ 中国科学院生态环境研究中心

引　言

中国科学院生态环境研究中心（以下简称“生态环境中心”）党委以“坚定理想、明确作风、聚焦献力”为抓手，助力中心“率先行动”计划的实施。中心党委在助力“率先行动”计划实际中，注重针对不同的情况和任务，用好“拳头”和“手指”的力量，即面对中心重大任务时，中心党委团结一致就如同拳头，出手时要有力；面对具体目标需要实现时，各党支部就如同手指，出手时要到位。中心党委通过分层面发力，全面推进“一三五”规划各项任务的实施，努力实现“四个率先”目标。

一、工作背景

2012 年，党的十八大站在全局和战略的高度，把生态文明建设纳入中国特色社会主义事业总体布局，并对推进生态文明建设进行全面部署。2015 年，党的十八届五中全会提出“创新、协调、绿色、开放、共享”五大发展理念。生态环境中心作为生态环境领域的重要研究机构，处于重要的战略发展机遇期。

2014 年 1 月 27 日，白春礼院长在生态环境中心提出：“希望以卓越中心建设为标准，率先实现生态环境科技跨越发展、率先建成国家生态环境创新人才高地、率先建成国家生态环境高水平科技智库、率先建设国际一流生态环境科研机构。”这成为新时期生态环境中心的“四个率先”目标。面对重要的发展机遇期，生态环境中心党政领导齐心协力，勇于抓住机遇，迎接挑战，充分发挥环境科学、环境工程和系统生态三大学科的综合优势，通过建设生态环境科学科教融合卓越中心落实“率先行动”计划，以建设生态环境卓越中心，服务国家生态文明建设成为中心科研创新的总目标。“十二五”期间，生态环境中心面对机遇与挑战，按照中国科学院统一要求和部署，研究制定并部署实施了“一三五”规划。

二、特色做法

截至 2016 年 8 月，生态环境中心有党员 862 人，其中职工党员中学术带头人、中青年科研骨干党员比例高，中心 5 位院士全部是党员，在职职工中党员比例占 60%，研究员中党员比例占近 50%，45 岁以下职工中党员比例占近 90%。同时，中心领导班子成员均为党委委员。

以科研工作为中心，把围绕大局、服务创新、促进发展摆在党建工作的首位，是生态环境中心党委牢牢把握的政治方向。

1. 准确定位科教融合卓越中心

2014 年，面对四类机构改革，中心党政领导班子团结一心，面对机遇与挑战，汇集中心各实验室负责人，研究制订具体方案举措，提出结合中心学科布局，面向生态环境科学领域的重大科学问题和国家战略需求，开展环境污染与健康、城市大气污染成因与控制、水质安全保障、城市与区域生态系统格局与过程调控原理等前沿基础研究和应用探索，牵头共建中国科学院大学资源与环境学院，形成科教融合和教研相长的新机制。生态环境科学科教融合卓越创新中心成为中国科学院第一批获批的单位。

2. 战略研讨聚焦党建服务创新

2015 年 11 月，生态环境中心第十六届发展战略研讨会召开。中心领导班子成员，全体研究员，在职党支部（总支）书记，机关各部门负责人，中国科学院大学资源与环境学院教授、总支书记和教工书记参加了会议。资源与环境学院的参加突出了科教融合卓越创新中心的发展，党支部（总支）书记的参与突出了党建工作围绕中心工作这一主线。会上，中心主任江桂斌院士作了题为《落实“率先行动”计划，提升科研创新水平》的报告，报告分析了中心面临的形势，回顾了“十二五”科研进展，总结了 2015 年完成的重要工作，提出了当前存在的一些问题，并对近期工作重点和任务进行了阐述和部署。中心党委书记欧阳志云作了题为《扎实推进实施“率先行动”计划　凝心聚力谋划“十三五”规划》的报告，传达了中央五中全会精神、生态文明体制改革总体方案、院夏季党组扩大会议精神及院有关“率先行动”计划部署，就生态环境中心党委重点工作进行了总结与展望，就廉洁从业风险防控开展了专题教育。生态环境中心副主任、党委副书记庄绪亮从定位与目标、科技布局、重大突破、重点培育方向、国家任务衔接和体制机制改革举措 6 个

◎ 生态环境中心第十六届发展战略研讨会现场

方面就生态环境中心“十三五”发展规划作了全面解读，详细阐述了生态环境中心今后5年的发展方向。会后，中心各党支部（总支）书记及时将会议精神传达给每位党员，强化了党员在服务中心创新实践中的引领作用。

3. 党建报告突出时政前沿进展

2015年7月，围绕新时期新发展，中心党委筹办了党建专题报告会，邀请时任院党组副书记方新同志作《适应新常态，强化新动力》的专题报告，她从认识新形势、适应新常态、强化新动力三个方面对科技、经济中的新常态和改革的新举措进行了系统、深入的阐述。报告概括了世界科学技术迅猛发展、世界经济政治格局、中国经济发展变化等方面的态势，分析了当前我国面临的新形势；阐述了新常态的内涵与特征，以及适应新常态的战略举措，并强调科技创新在新常态下要发挥核心引领作用等，专题报告在思想战略高度上提升了对新时期国家大政方针的认识和思考，突出了党建工作与时俱进的示范引领作用。

4. 支部交流促进发挥组织优势

中心每年年底开展党支部工作总结交流会，2015年，中心将党建工作述职评议考核与总结交流结合开展，各党支部（总支）书记分别围绕中心大局，结合支部工作实际情况，从党建工作制度落实情况、党委工作重点任务落实情况、党建日常工作推进情况、群团统战工作推进情况等方面汇报一年来的工作和个人履职情况，会议同时民主推选先进党支部和优秀党务工作者进行表彰。通过交流进一步提升了支部服务科研创新的能力，促进发挥组织优势和党员先锋模范。

（二）支部服务创新，出手准确到位

生态环境中心以实验室为单位，形成了12个党支部（总支），包括7个职工党支部、1个离退休党总支和4个研究生党总支。中心各党支部（总支）充分发挥积极性和创造性，开展各具特色的党建活动，既突出党建促

◎ 组织制作生态科普宣传展示墙

进创新工作，又突出体现科技服务社会职能。

中心3个国家重点实验室分别对应3个职工党支部。2015年，正值中心3个国家重点实验室验收的关键时期。在时间紧、验收任务重的情况下，党支部积极配合，特别是3个国家重点实验室的主任均为党员，他们身先士卒，用自己的言行影响和带动周围的同志。在整个验收过程中，他们精心组织、周密安排，重视做好实验室验收的每一个环节。在他们的带领下，广大党员和职工团结协作，圆满完成了验收任务，其中2个国家重点实验室在验收中取得优秀的成绩，1个获得良好的成绩。

仅2015年，环境水质学国家重点实验室党支部组织承办水质学学术论坛报告17次，在党员中活跃学术氛围；通过在保障供水安全和应急处理等方面发挥重要作用，进行科技服务社会活动。特别是重点围绕水与环境卓越中心（CEWE）的建立和具体实践发挥了重要作用，该卓越中心探索了新的创新体系，使服务外交与提高学术水平相结合。有机制管理创新，院地、国际合作相结合，并在2016年的综合评估中获得优秀。

城市与区域生态国家重点实验室党支部举办安西极旱荒漠保护区生物多样性保护研讨会，并协助申请全国科普教育基地；机关党支部组织前往生态环境中心产业化示范基地——鄂尔多斯固体废弃物资源化工程技术研究所进行调研交流，提升党建工作服务科技创新和服务社会的能力。中国科学院环境生物技术重点实验室、水污染控制实验室联合党支部还积极组织中小学生的科普活动，研究生第二党总支组织发起“生态助学基金”，利用业余时间走访贵州织金县贫困但品学兼优的学生，探访资助对象，服务社会贡献力量。文献信息中心党支部组织编辑沙龙，强化业务交流，促进业务水平提升。

三、主要成效

2015 年，生态环境中心在生态环境领域科技创新中取得具有国际影响力的多项成果，在中心“十二五”验收中，获得了 1 项重大科技成果及标志性进展、2 项优秀重大突破和 3 项优秀重点培育方向，在验收评估中取得生态环境组第一名的成绩。在科教融合卓越中心建设上有了新进展，充分融合和发挥中心与中国科学院大学资源与环境学院的优势，在培养创新型未来人才上有了新的探索。

2015 年，中心党员刘思金研究员荣获京区“聚焦献力”主题实践活动优秀共产党员荣誉称号，并获得 2015 年度中国科学院青年科学家奖（全院获奖人员为 10 人）。中心党员王士精荣获京区“聚焦献力”主题实践活动优秀党务工作者荣誉称号。2015 年，生态环境中心荣获中国科学院京区 2015 年度党建工作创新三等奖，生态环境中心工会荣获中国科学院京区 2015 年度优秀工会工作二等奖。2016 年 2 月 24 日，在中国科学院北京分院京区党委 2016 年度工作会议上，北京分院第四协作片荣获 2015 年度协作片工作优秀奖，生态环境中心作为片长单位作了大会交流发言。

四、创新启示

（一）班子重视　搞好结合

科研院所基层党组织党建的根本任务，就是坚持以围绕科研服务创新为中心，抓好党建促进科研发展。紧紧抓住党建工作和科研工作的结合点，服从服务于中心科研工作，这样才能锻炼组织、发挥作用、体现价值，才能使基层党组织建设改革创新工作的效果得到逐步显现。中心坚持党政联动，领导班子团结一心，分工明确。在党建工作中，坚持紧密结合中心发展实际，围绕“率先行动”计划和生态环境科学科教融合卓越中心的建设，突出发挥基层党组织优势。

（二）明确目标 落实责任

抓好基层党支部书记自身建设，要求各党支部（总支）书记结合专业特色，组织党建活动，推动党建服务创新，推动科技服务社会。通过精心组织设计符合基层党组织和党员实际的活动载体，把党建工作与本单位中心工作、与科研发展结合起来，认真做好策划工作，提高支部的针对性和实效性；大力宣传，调动支部和党员的积极性，自觉发挥党员的先锋模范作用。

（三）党群共建 凝心聚力

持续深入推进党群共建，要求中层以上党员领导干部要率先垂范，尤其是党员学术带头人要在科研创新中发挥模范作用，对基层组织和群众形成了良好的示范带头作用，使党员先进带动群团组织先进，共同为发展做贡献。

中心党委始终以围绕中心服务大局为目标，探索党建工作新思路，把党建不断引向深入，使党的政治优势和组织优势转化为创新科技、服务国家、造福人民的强大动力。

（撰稿人：庄绪亮　张秀丽）

中国科学院生态环境研究中心简介

生态环境中心始建于1975年，前身为经国务院批准成立的中国科学院环境化学研究所。经国家科学技术委员会和中国科学院批准，1986年与中国科学院生态学研究中心（筹）合并，改为现名。

生态环境中心以“国家生态环境安全与可持续发展”为战略主题，充分发挥环境科学、环境工程、生态学三大学科的综合优势，实现多学科的相互渗透，研究和解决地区性、全国性以及全球性的重大生态环境问题，不断突破关系到国家生态安全、环境健康和可持续发展的重大科学理论和关键技术。自成立以来，先后承担并完成了大量国家、中国科学院、有关部委和省市的重大、重点研究项目以及国际合作项目，取得了一系列重要成果，并培养了一大批国家急需的生态环境科学与技术研究人才，与十余个国家的学术界建立了稳定的交流与合作关系，对我国生态环境科学领域创建和发展、为我国生态环境保护以及可持续发展做出了重要的贡献。

截至2016年8月，生态环境中心现有党支部（总支）12个，其中7个职工党支部、1个离退休党总支和4个研究生党总支，党员862人。多年来，中心党建在围绕中心、服务创新、促进创新中积极探索，勇于实践，务求实效，多次荣获中国科学院京区党建工作创新奖。

创新基层组织建设　助推企业持续发展

▶▶ 科学出版社

引　言

科学出版社是国内最大的综合性科技出版机构，综合竞争力排名全国科技出版社之首，2007年完成转制，2017年实现上市。多年来，科学出版社党委深入落实党对国有文化企业发展的根本要求，始终坚持把社会效益放在首位，按照“支部是党的建设的战斗堡垒，基层组织的领导核心，联系群众的桥梁纽带；支部要成为优秀企业文化的建设者，成为企业良好工作作风和道德风尚的倡导者，成为企业专业化人才、优秀骨干的发现者，成为业务部门业绩提升、管理部门效率提高最重要的创造者”的要求，积极推进基层支部工作创新，积累了一些有效的工作经验。

一、创新基层党组织建设的特色做法

党的基层组织是团结带领群众贯彻党的理论和路线方针政策、落实党的任务的战斗堡垒。对于企业来说，支部作为党的基层组织，最贴近群众，是党与人民群众紧密联系的桥梁与纽带，是党的思想阵地最前沿。新形势下，加强企业党组织建设，对于加强党的领导，促进企业发展和精神文明建设，起着极其重要的作用。2012 年是科学出版社“基层组织建设年”，科学出版社党委围绕企业的中心工作目标，按照中央的指示、中国科学院京区党委关于开展基层组织建设年活动的总体安排部署，按照“抓落实、全覆盖、求实效、受欢迎”的工作要求，结合社工作实际，精心组织、扎实推进，基层组织建设年活动取得了较好的成效，也积累了一些经验。

（一）精心组织，深入调研是做好基层支部建设的前提

为确保基层组织建设年活动顺利扎实开展，社党委制定了《科学出版社开展基层组织建设年活动实施方案》，并召开多次支部书记会，向支部书记征求意见、展开讨论，就如何开展基层组织建设年活动进行安排。与此同时，通过社内 OA 网站、《科学人》内刊、宣传栏等渠道，大力宣传开展基层组织建设年活动的重大意义，营造良好的舆论氛围。

依据方案，全社首先进行了党员基本情况的摸底排查，各支部提交了详尽的支部信息。随后以党支部为单位，组织召开支部党员大会和群众测评会，请党员和群众按照“领导班子好、党员队伍好、工作机制好、工作业绩好、群众反映好”的标准打分并由党办进行分数统计。

社党委委员、党办工作人员深入基层对所有支部进行了调研，特别是深入了解了《中国科学》党支部、龙门书局党支部、新世纪书局党支部等十几家分子公司支部，进行实地调查，开展座谈和个别谈话，广泛征求党员对支部的意见，做到了对各个支部党员情况、党务工作者情况、各支部业务特点等底数清楚。在此基础上，社党委根据支部实际情况和打分结果，研究各个支部的业务特点、党员结构、党建基本情况、战斗堡垒作用发挥情况，对各党支部进行打分和分类定级。针对不同支部的分类分级，区分制定加强支部建设的方案，找准途径。

（二）创新支部设置，加强沟通，促进业务交流和发展

随着发展战略的实施，企业组织架构也在不断变化，一些新的增长点不断布局，新的分社和新的分子公司相继成立。为了更好地开展支部工作，几年来，科学出版社党支部的建制一直随组织机构的变化进行着相应的调整，在2014年年初支部再次换届选举时，社党委对支部的设置进行了全面的思考和创新。

在此前党的群众路线教育实践活动征求到的意见中，有不少群众反映，我社业务部门和管理部门各司其职，沟通交流较少，管理部门服务一线的意识不强，部分管理审批环节进程慢，效率低。针对这些意见，我们除加强对管理部门工作人员的作风教育、设计管理岗位问责制和窗口岗位考核机制、社领导牵头进行流程梳理再造外，还在支部设置上进行了新尝试。相对于业务部门，我社的管理部门大多人数较少，原来支部划分的做法是业务部门根据产品特点分为几个支部，管理部门合并成两个大支部。

此次换届尝试了如下改革：除保持分子公司独立的支部建制外，考虑业务和服务的相关性，将业务相关的分社结合建立支部，如教育图书党支部涵盖了教育类的6个分社；将人员和党员人数较少的管理部门与业务部门结合建立支部，如财务部与销售部门结合建立支部，国际业务部与专著出版分社结合建立支部，总编部与校对部结合建立支部，数据管理部与各数字出版部门结合建立支部。重新组合后共设立20个支部。

经过这样的改革，管理部门与业务部门通过支部的建设结合在一起，在支部交流活动中，大家一起座谈，相互了解，互相帮助，努力提升各自部门的工作，以构建一个能发挥战斗堡垒作用的支部。沟通和了解加强了，双方都能从对方角度考虑问题，管理部门的作风有了改观，业务部门对管理工作也更加理解和支持了。最终的结果是工作效率提高了，怨言变少了，工作氛围和谐了。党的建设工作促进了中心工作的开展。这一创新尝试在近几年正在发挥越来越有效的作用。

（三）党委委员进入普通支部，指导和参与支部建设

科学出版社有 8 位党委委员，企业的党政领导除了参加党委、领导班子、中心组的组织生活和学习外，每位党委委员和经营班子成员都作为其分管的业务支部的成员，参加各个支部的各项活动。

这个举措使得党政领导能深入一线党员中，密切了干部与群众的联系，形成了一个很好的沟通机制。在日常的党务活动中，一方面，党政领导可以将企业的大政方针、战略规划、各项决策更加具体和深入地传递给基层党员与群众；另一方面，党员群众的思想、意见、反响以及生产一线的各种动向也能及时传递给党政领导。

多年来，科学出版社一直坚持这一工作方法，领导干部在党务活动中深入支部一线，了解各种动态，再通过党委会和党政联席会议上的交流沟通，不断改进和提高领导班子的工作水平。在学习实践科学发展观的活动中、在党的群众路线教育实践活动中、在“三严三实”专题教育中、在“两学一做”学习教育中，各位党政领导参加支部的宣讲会、学习会、组织生活会，讲党课、学文件、开展批评与自我批评，带领党员一起解放思想找差距，对照检查找问题，统一认识求思路，征求到 100 多条各方面的意见和建议，提出了数十条整改措施。党委委员带领支部党员认真学习研讨，并对支部的党建和业务工作进行指导，提升了全体党员的思想水平和战略思辨能力。

（四）严格准入，加强培训，不断提升支部书记和委员履职能力

科学出版社党委严格执行党支部书记准入制度，规范了党支部书记上岗程序。在党支部书记选拔任用上，坚持推行公推直选，将信念坚定、品行端正、务实奉献、业务过硬的人员，作为党支部书记推荐人选，进一步提升了选人用人的公信力。将支部书记纳入中层干部序列和后备干部库，严格对支部书记和委员进行党务工作的培训。

自2012年起，科学出版社党委每年举办至少一次党支部书记培训班，就支部工作进行交流研讨。2012年3月，首届培训班举办，科学出版社董事长、党委书记、副书记及30位支部书记、支部委员出席了会议。

社党委书记、董事长分别进行了授课。授课的内容主要以支部书记应具备的政治业务素质和品德修养、新时期职工思想政治工作、强化专业化出版、内容质量全面提升、营销工作创新、党风廉政建设、干部纪律、作风等方面为主要学习内容，并在培训后进行了座谈交流发言，有效提高了党员干部的综合素质。

◎ 2015年党支部工作交流研讨会

此次支部书记培训交流研讨会，增强了党支部书记的工作责任感和使命感，提高了支部书记对基层党支部工作的认识，沟通了工作中的重点、难点问题，进一步促进了科学出版社基层党组织建设。

除举办专门培训班外，社党委还利用中期战略研讨会，对党员干部、支部书记进行培训，选派相应人员参加京区党委及院企业片组织的支部书记培训班、入党积极分子培训班、廉洁从业风险防控学习研讨班、党风廉政教育讲座。多项培训的扎实开展，有效提升了我社党员干部的素质，促进了基层组织建设活动的开展。

（五）制定条例，量化评价与考核，规范支部建设工作

近年来，随着科学出版社历经成立集团、转企改制、从事业单位彻底

转变为现代企业，企业发展的理念与规划，企业承担的社会责任与义务，企业运行的体制机制都在发生着深刻变化。为加强我社基层支部自身建设，规范支部工作，使支部工作有章可循，并更客观地考核支部工作，我社党委深入分析、认真研究，对我社的支部工作条例进行了修订完善，并组织全社支部书记进行了讨论。讨论后正式下发《科学出版社党支部工作条例》，以 6 大项、19 分项百分制评价指标来量化评价支部工作，实现量化考核评优。自 2013 年起，我们首次根据支部工作条例和支部工作量化评价考核办法进行了支部考核与评优工作。自 2015 年起，我们在开展支部党建述职工作时也延续和参考了量化评价考核的方案。量化标准确定后，量化评分程序如下。

（1）支部自评：首先由支部党员按照量化考核表为支部打分，支部汇总产生自评分数，同时支部提交书面总结。

（2）各支部互评：参考京区党建工作创新奖形式，召开支部书记会议，交流全年支部工作，20 位支部书记发言交流经验。各位支部书记和与会领导根据书面总结和交流情况为各个支部进行量化评价打分。

（3）党委委员和党办评分：在党委会上，各党委委员和党办主任根据各支部的日常工作情况为支部进行量化评价打分。

（4）综合三方面分数，评选出先进党支部。

以上量化评价工作以深入调研和科学评价为基础，避免了评优工作中的形式主义，使得评优工作真正评出了优秀，为群众所信服。今后我们还将不断修改完善量化评价制度，使得先进支部和优秀党员的评选更加具有示范性，促进支部组织建设水平的提升。

（六）结合中心工作，加强学习型党组织的建设

科学出版社党委坚持把开展基层组织建设与社中心工作紧密结合，多举措、多渠道，助推基层组织建设扎实开展。各党支部按照“分社落实出版任务、销售落实发行任务、市场落实营销任务、职能部门服务业务部门、

党员干部服务群众”的要求，围绕编辑、生产、经营业务的难点开展特色品牌支部活动，打造学习型党组织，收到了很好的效果，有效促进了各项业务的开展，保证了经营任务的完成，得到了部门行政领导的认可。具体举措有以下三点。

（1）以支部为单元开展理论学习和业务攻关。2013 年，我们在支部中开展了学习新党章、学习十八大、学习十八届三中全会、学习教育实践活动相关学习资料的活动，为支部书记累计下发学习资料 30 余种。鼓励支部员工参加“我与十八大”征文，向院里投稿数十篇，获一等奖、三等奖各一篇，并获优秀组织奖。

（2）鼓励支部配合部门行政领导，研究学习出版专业知识，特别是转型升级内涵，组织出版学术论文撰写讲座和各类业务知识培训，员工在出版专业刊物上发表论文 80 多篇，一批年轻的优秀编辑晋升为编审和副编审。

（3）党委、工会设立创新研究基金，鼓励员工通过学习研究解决制约企业发展的问题，攻克部门发展中的瓶颈问题，特别是转型升级的问题，比如数字化资源的呈现方式、POD 印刷的高效流程等。我社课题组撰写的题为《构建企业核心价值体系的研究》论文，在院政研会研讨会上作交流发言，并荣获优秀论文奖。

（七）建设服务型基层党组织，助推企业发展

科学出版社党委近年来一直践行服务型党组织建设工作，社党委立足我社现状，以持续发展、科学发展、转型升级作为我社中心工作，通过服务型党组织建设，为我社又好又快发展提供坚强的组织保障。把发挥企业党组织服务功能作为企业党建工作的一项重要任务来抓，提高服务的可操作性，在服务上扎扎实实地办实事、出成果、解决问题。在此以《中国科学》党支部为例，介绍一下服务型党组织建设的经验。

《中国科学》杂志社是科学出版社下属子公司，是国内最具影响的学术

期刊专业化出版机构之一，是《中国科学》和《科学通报》“两刊”的出版单位。国内从事自然科学基础研究的学者大多熟悉《中国科学》和《科学通报》，并称之为“两刊”。自1950年创刊以来，“两刊”刊载了中国科学家大量原创性的研究成果，像屠呦呦团队的“青蒿素抗疟”研究、陈景润的“哥德巴赫猜想”研究、袁隆平的“水稻的雄性不孕性”研究，见证了新中国的科学发展历程，为推动中国科学技术发展、促进国际学术交流做出了积极和重要的贡献，赢得了国内外科技界的高度评价和重视。

《中国科学》杂志社现有员工65人，其中党员37人，占总人数的57%。党员中以编辑为主，占86%；以女性为主，占78%；以年轻人为主，35岁以下占60%；以高学历为主，硕士及以上占84%。如何激励这样一支年轻的高素质团队，充分发挥党员的工作积极性和聪明才智，将大家凝聚到一起，形成促进企业发展的合力，实现企业的发展目标，是摆在经营者面前的一个重要问题。

在社党委的领导下，《中国科学》党支部通过积极思考，结合支部党员的特点，按照社党委建设服务型基层党支部的要求，开展多种形式的活动，助推企业发展，形成了党支部团结奋进的工作作风和积极向上的工作氛围。

1. 服务科技智库，创新高端学术期刊品牌建设

“两刊”由中国科学院主管主办，中国科学院各级领导和广大院士对“两刊”的发展寄予了厚望，希望它能全面反映我国科学研究的总体水平和优秀成果，在体现中国科学院科技创新上有一定的显示度，在科技智库建设工作中发挥一定作用。对此，《中国科学》党支部的党员干部深感任务艰巨，并积极地把压力转化为动力。《中国科学》杂志社以“加快提升学术质量和国际影响力，加强品牌形象建设”作为首要目标，通过倾心服务编委会，做好主编助手；加强内容质量建设，提升稿件总体水平；加强国际推广与学术交流，扩大刊物影响；丰富栏目建设，增强刊物可读性和引导性；完善信息服务建设，提升工作效率；引进高端人才，建立国际化编辑队伍等一系列改革举措，“两刊”的学术质量和影响力有了明显提高，呈现出积极良好的发展态势。

2. 结合党建工作要求，组织开展系列主题教育活动

《中国科学》党支部每年都开展主题参观学习活动，通过生动有意义的活动，拓宽视野，丰富知识和阅历，引导党员树立正确的人生观和价值观。例如，在位于易水河畔的爱国主义教育基地——狼牙山，开展了“走英雄之路，做爱国人——迎接建党 90 周年”主题活动；以“感受祖国沧桑巨变，从我做起科学强国”为主题，组织参观了在国家博物馆举办的“复兴之路”大型展览；以“团结奋斗，自力更生”为活动主题，组织了赴河南万仙山和红旗渠的学习活动。

◎《中国科学》党支部组织开展系列主题教育活动

在参观“复兴之路”展览的过程中，我社党员特别兴奋地看到了陈景润在《科学通报》上发表“哥德巴赫猜想”的论文中英文手稿，作为学术期刊出版人，党员们为自己所从事的事业感到自豪，更坚定了服务科学出版事业的信念。

2016 年，党支部组织了赴西柏坡的参观学习，通过学习领会西柏坡精神，激发员工在严峻的国际期刊出版行业竞争的大格局下，敢于突破和创新，实现短时间内完成提升影响力的战略目标要求。

3. 开展多种形式的交流活动，加强员工间的相互了解

“小编论坛”是在《中国科学》杂志社内不定期开展的编辑沙龙活动，

是服务编辑的一项重要活动，为提升业务素质和能力，沟通交流学术思想搭建了一个平台。目前，《中国科学》杂志社拥有 3 ～ 5 年工作经验的编辑占主流，经验不足是工作中遇到的主要问题。在“小编论坛”上，编辑们交流与科学家交往的经验，介绍追踪自己学科领域的科研进展，讨论行业发展趋势和动态等，在交流中相互学习、借鉴经验，拓展了工作思路，增强了对学科领域的把握能力，增强了自信。自 2013 年 4 月 17 日第一次论坛活动至今，“小编论坛”已经举办了 16 次活动。

在杂志社里，由党支部倡导开展的另一项活动——“咖啡时间”也已经实施了一年多。利用每星期五下午 4 ： 30 ～ 5 ： 00 的半小时时间，以办公室为单位，轮值为大家煮咖啡，并准备一些小点心，邀请杂志社其他员工在品尝的同时开展交流。杂志社一共 12 间办公室，每 3 个月左右轮上一次。这项活动的开展，增进了员工间的相互了解，润滑了感情，为不同学科、不同刊物、不同岗位的员工之间互动提供了自由轻松的空间。同时，也在杂志社形成了“我开心为大家服务”“大家关心大家”的友好氛围，企业文化潜移默化点滴融入员工心中，增强了企业的凝聚力。

4. 服务广大员工，把对员工的关爱制度化、具体化

党支部努力向主动服务转变，向服务基层转变，从抓大放小向以小见人转变，牢固树立“群众利益无小事”的理念，从大处着眼，小处入手，坚持群众至上，以群众的需要为工作的出发点、落脚点，走进基层、融入群众，从群众最关心、最迫切的事情抓起，解决群众生产生活中的实际困难，切实做到“润物细无声”，为员工排忧解难。

针对年轻职工多的特点，“六一”儿童节时，党支部给每一位有孩子的员工定制了一个带有孩子照片的马克杯，从细节出发，给员工送去温暖，体现对青年员工的关心。

在照顾青年员工的同时，党支部也没有忘记为退休员工送去关爱。每逢有员工退休时，支部都会为退休员工举办生日会，制作纪念册，赠送有全体员工签名的生日卡，感谢他们的付出，这既体现了对退休员工的关心，

◎ 党支部为员工定制的马克杯

也是对青年员工的感召。

此外，在党支部的主导下，形成了“推进企业文化建设制度”“强化党支部服务功能”，力求把对员工的关心做得更加人性化、制度化，无微不至。有生病或家庭有困难的员工，党支部组织募捐和慰问；在员工遇到困难的时候，支委第一时间出现；有生小孩的员工，支部组织看望；为过生日的员工送上生日卡等。党支部把服务员工、关爱员工作为一种常态方式，增强了基层党组织的吸引力和凝聚力。

二、创新支部建设取得的成效

1. 基层组织凝聚力加强

近年来，通过基层组织建设的强化，党组织的凝聚力大大增强，一些年轻的业务骨干向党组织靠拢，一些本想参加其他党派的员工也向我党组织递交了入党申请书。2012 ～ 2016 年，我社有 46 名职工参加了入党积极分子培训班，又有 48 名同志光荣成为中共党员。

2. 学习型党组织和服务型党组织建设成绩斐然

在建设学习型党组织过程中，各个支部形成一批有影响、有效果的品牌活动。

（1）教育图书党支部采用“项目组”方式攻关业务难点。组成“新书生产模块化流程”项目组，经过调查、研究和讨论，创造性地提出新书模块化生产流程的思路，克服了文字加工中各环节的接口标准难题，形成了“新书生产模块化流程暂行办法”，已经在新书生产中起到了提升质量、缩短周期、提高效率、平抑高峰、降低员工劳动强度的作用。

（2）专业图书党支部的“节约成本创意大赛”。面对日益增加的运营成本、生产成本和人力成本，支部组织了“节约成本创意大赛”，党员群众建言献策，共收到 50 多条建议，经部门员工投票评出一等奖、二等奖、三等奖，建议者得到了奖励，其中一些好的建议已经被采纳，产生了较好的效益。2015 年，在京区党委举办的纪念建党 94 周年暨“聚焦献力”主题实践活动表彰大会上，专业图书党支部获得“先进基层党组织”称号。

（3）销售财务党支部的“移动互联”学习。倡议党员手机下载“学习中国”APP 等客户端，实时动态掌握最新相关学习文件。建立支部百度云盘、支部微信群，分享支部学习资料，即时共享相关理论学习资料、行业业务资讯，交流思想，增进沟通，共同进步。承担院党建研究会和思想政治工作研究会课题的选题，进行“运用互联网提高党建工作科学化水平研究”的申报立项，课题从互联网技术日新月异的变化中寻求党建工作创新管理的方式方法，搭建党建管理工作信息系统平台。

（4）原医学支部的“数字出版有奖征文”活动。面对数字出版在全球出版业产业发展的必然趋势，面对我社产品转型和升级所面临的发展机遇，原医学支部组织了“数字出版有奖征文”活动，旨在让每一位从事传统出版的编辑尽快做好向数字出版转型的心理和业务方面的准备。

（5）《中国科学》党支部作为践行服务型基层党组织的优秀典型，在社里的各项业务工作中，党员勇挑重担，充分发挥了模范带头作用，多人被评为“五带头”优秀共产党员。党支部服务于党员，党员服务于群众，党员的优秀品质凝聚成党支部的集体战斗力，有力支撑了《中国科学》各项重点工作的完成。2012 ～ 2016 年《中国科学》党支部连续被评为“五个好”优秀党支部，2013 年获得景山街道“三优集体三优个人”评比“党支部最佳活动奖”。

3. 党建工作促进中心工作，企业持续稳定发展

基层党组织建设的加强也促进了部门业务的发展，以《中国科学》党支部为例，支部的战斗堡垒作用为确保各项工作的圆满完成提供了很好的组织保障。“两刊”的改革成绩获得了各方面的肯定。在中国科学技术协会等六部委组织实施的“中国科技期刊国际影响力计划”中，“两刊”系列有7个刊获得支持，其中A类3项、B类2项、C类2项，正在筹备创刊的材料辑获得D类资助。《科学通报》连续两届获得了出版政府奖期刊奖，《中国科学：数学》（英文版）获得期刊奖提名奖。《科学通报》和《中国科学：化学（英文版）》荣获2013年国家新闻出版广电总局“百强报刊”称号。

通过不断加强基层组织建设，有效促进了企业各方面的业务发展。虽然面对宏观经济形势的不景气及行业发展趋势的不稳定，但在生产经营的压力面前，广大党员干部职工万众一心、艰苦奋战，充分发挥了基层党组织的战斗堡垒作用和党员先锋模范作用，成功完成了历年的经营任务。5年来我社实现选题增长32%，新书增长31%，发货码洋增长41%，库存下降35%。我社主要经营财务指标保持了年均两位数以上增长。总资产、净资产年均增长更是突破20%，5年翻了一番多。出版品牌稳步提升，在国家级的重要评奖中，我社获奖总数均位列全国出版社前茅。

三、推进党建创新的启示

支部处于企业经营生产的一线，直接担负着团结和带领党员与职工完成生产经营任务的重要责任与使命，是党的全部战斗力的基础。离开了基层支部的有效工作，党的各项任务就无法有效落实。可以说，切实抓好创新推进支部工作，是企业党建工作的基础所在、关键所在。随着国有企业改革的不断深化，现代企业建设步伐的不断加快，企业基层支部建设也不断遇到新情况、新问题。始终处在改革发展一线的企业基层党委必须不断调整，与时俱进，迎接挑战，不断创新，不断实践，才能充分发挥战斗堡

垒作用，完成我们光荣而艰巨的使命。

企业党建工作千头万绪，归根结底要围绕企业“发展”这一党执政兴国的第一要务开展工作，因此，具体到企业，就是要通过党建工作统一员工认识，保障企业重点工作的完成，推动企业文化建设，帮助提高党员的业务能力，凝聚民心，为企业持续健康发展做出贡献。同时，要以完成企业中心任务的实际效果来检验党建工作的效果。

科学出版社林鹏书记曾对基层支部建设提出了如下要求：“支部要成为优秀企业文化的建设者；成为企业良好工作作风和道德风尚的倡导者；成为企业专业化人才、优秀骨干的发现者；成为业务部门业绩提升、管理部门效率提高最重要的创造者。”

党建工作不是一次活动，一次运动，必须从点点滴滴做起，耳濡目染，才能深入人心，真正内化于心，固化于制，外化于行。因此，要积极探索党支部工作新思路。坚持以业务工作为中心，创新载体，丰富内容，做到围绕发展抓党建，抓好党建促发展。

以上基层党组织建设的探索与创新仅是我社党建工作的缩影，社党委将及时总结其经验，推广应用至各基层党支部，结合我社特点围绕我社中心工作，继续以践行加强基层党组织建设活动，服务中国科学院“率先行动”计划、“创新 2020”和“一三五”规划等工作构想，做好出版工作，向着实现“中国科技出版旗舰”的目标奋进。

（撰稿人：林　鹏　王风雷　严　谨　孙立新）

科学出版社简介

科学出版社是一家隶属于中国科学院的综合性科技出版机构，自1954年成立至今，已走过60余载，累计出版了4万余种图书，出版期刊300多种，作为科技出版的“国家队”，与新中国科技事业一路同行，见证和记录了新中国科技发展的历程与成就。

科学出版社是新中国成立的第一家，也是当时唯一一家出版“高精尖”科技书刊的出版单位，其出版物曾受到毛泽东等老一辈党和国家领导人的关注。改革开放以来，科学出版社伴随着国家经济建设和科技进步不断发展壮大，1993年8月，恢复使用“龙门书局”副牌，出版规模进一步扩大；2007年4月，转制成为科学出版社有限责任公司，成为首批完成转企改制的中央部属出版单位。2011年7月，中国科技出版传媒集团有限公司暨中国科技出版传媒股份有限公司在人民大会堂挂牌成立。2017年1月，中国科技出版传媒股份有限公司在上海证券交易所正式挂牌上市。

科学出版社始终坚持“高层次、高水平、高质量”的出版理念，秉持“严肃、严密、严格”的工作作风，长期致力于国内外科技创新成果的汇集、整理与传播，出版内容追求权威性、综合性与前沿性，出版、发行了一大批国内乃至国际一流水平的自然科学、工程技术、医药卫生、文博考古、人文社科等方面的优秀专业图书、高校教材、学术期刊、电子出版物与音像制品，见证了新中国科技发展历程，为推动我国科技发展、促进国内外科技交流做出了积极贡献，形成了以科学（S）、技术（T）、医学（M）、教育（E）、社科人文（H）为主要出版领域的业务架构，在国内科技出版领域居于领先地位。

科学出版社党委下设党总支1个，支部19个，现有党员580人，其中在职党员450余人，离退休党员130余人。

聚焦人才队伍建设　助力企业转型发展

▶▶ 北京中科资源有限公司

引　言

近年来，北京中科资源有限公司（以下简称“中科资源”）党委在中国科学院京区党委和企业党委的引领下，围绕中国科学院党建工作整体部署，结合企业战略布局和实际经营需要，按照“围绕中心，服务经营”的指导思想，以“创新发展”为主题，充分发挥基层党支部的战斗堡垒作用，围绕公司战略创新思维、创新制度、创新组织、创新队伍，着力解决制约公司发展的瓶颈；集合广大员工智慧，不断拓宽党建工作思路，探索和创新方式方法；以人才队伍建设为切入口，努力打造一支思想觉悟好、综合素质高、具有战略发展眼光、作风扎实过硬的新型人才队伍，为助力公司转型发展提供了坚实保障。

一、党建工作聚焦人才队伍建设的背景

响应国家创新驱动发展战略与新一轮科技革命和产业变革的需求，作为中国科学院“率先行动”计划的重要组成部分，国科控股推动《“联动创

新”纲要》实施，面向国民经济主战场，贯通创新链和产业链，加快科技成果的有效转化，成为国有科技企业的必然选择。国科系企业大多是中国科学院在改革开放历史中自然形成的，企业人员大多数来自科学院所的科研人员和支撑人员，普遍存在高管团队社会化程度低、职业化经管人才少、专业人才队伍缺乏的现象，越来越制约着企业发展。

作为国科系企业中的一员，中科资源是2011年年底由中国科学院科技物资中心转制而来的，转制十多年来取得长足发展，在经营业绩屡创新高的同时，同样面临着传统商贸企业向现代商贸服务型企业转型发展过程中的各种挑战，如人员观念转变、发展模式创新、业务流程重塑以及新领域领军人才和复合型人才的迫切需求等。特别是2015年，公司进入转型发展的关键期、创新变革的攻坚期和各种矛盾的爆发期，如何适应新时期内外部环境的剧烈变化，如何符合集团化发展内部管控需求，实现精细化管理，如何提升员工队伍整体素养，满足公司复合型人才的迫切需求等，成为制约企业发展的瓶颈。事业兴旺，人才为本，中科资源未来的发展离不开一支勇于创新、敢于担责、廉洁奉公、忠于职守的干部队伍做保障，人才队伍建设、员工能力提升已迫在眉睫。

（一）中科资源发展变化及现阶段特点

中科资源转制后的10年时间里，一直从事金属材料、家用电器等商贸业务，营业收入徘徊在4亿元，2012年公司制定了新时期五年战略发展规划，将公司的发展定位于现代商贸服务企业，借助新的无店铺销售模式谋求企业的长远发展。近年来是互联网经济飞速发展时期，公司凭借这一正确定位实现了初步转型成功，营业规模跃上13亿元，同时也面临着中国经济和互联网发展进入新时代、新常态的严峻挑战。

由于历史原因和贸易企业性质，公司的人员规模一直维持在百人左右，平均年龄较大，知识结构层次偏低。近几年来，公司大量吸收引进人才，员工人数增长较快，现有员工262人，平均年龄33岁，其中35岁以下员工占71%。公司新进人员中以“85后”、大学本科及以上学历人员为主，在极大地改善公司人员的年龄及知识构成的同时，也面临着新老员工文化融合、思想观念统一，职业经验欠缺、复合型人才难求等亟待解决的问题。

（二）新形势、新发展带来创新需求

1. 队伍建设的需求

公司转型升级开拓了新的业务领域，业务布局属于非相关、多元化，同时互联网时代的知识更新换代速度明显加快。公司员工特别是一线经营人员多为“85后”，思想活跃、求知欲望强烈、价值观多元、不盲目遵循传统，他们渴望在企业运行实践中学习新知识，掌握新技能，充实并完善其知识体系构成，为个人发展积累经验，夯实基础。如何带好这支年轻的队伍，满足企业发展的需求，成为需要创新解决的课题。

2. 教育方式手段的需求

传统教育方式有其局限性，传统党建工作是以思想政治教育为主，员工在很大程度上处于“被动学习”状态；传统的“面对面”培训存在学习内容相对单一、学习形式比较单调、时间安排不够灵活、学习效果难达理想等问题。随着时代发展，以宣贯为主的学习模式已经不能适应需要，亟待创新出能激发员工主观能动性，同时满足员工实际需求的新学习方式和手段，最终实现员工认可、企业受益、服务经营、相互促进。

二、党建工作创新做法

（一）党建助推人才队伍建设思路

公司发展面临的问题即是党建工作的根本出发点，迫切需要指明创新的方向。公司近年来的党建工作聚焦人才队伍建设，不断探索创新党建工作方式和途径，着力解决阻碍公司转型发展这一关键问题，形成以下人才

队伍建设思路。

（1）坚持“党管人才”原则。坚定不移地以党建工作促进公司人才队伍建设，解决制约公司转型发展的瓶颈问题，保障战略落地，保证公司持续健康发展。

（2）充分发挥党委政治核心作用和基层党支部战斗堡垒作用。党委与党支部各有侧重，上下配合，努力开阔思路、创新机制、搭建平台，探索能够满足公司实际需要的新型学习形式和载体。

（3）紧密围绕中心工作，关注公司员工思想观念改造及业务学习，进一步统一思想，拓宽视野，适应外部环境变化及企业转型发展需求。

（二）党建工作聚焦人才队伍建设的做法

在这一思路的指引下，中科资源党委聚焦人才队伍建设，关注并推动公司文化及团队建设、体制机制完善和骨干人才引进、培养体系优化、学习平台建设等方面工作，本文仅就以文化建设为抓手统一思想，转变观念，形成核心竞争力和支部创新培养平台，全面提升员工队伍素质两个方面开展的党建创新实践做阐述。

1. 统一思想，转变观念，引导适应转型发展

（1）打造“两个讲堂”。结合企业文化建设，创新“两个讲堂”载体，促进员工思想观念转变和思想认识的统一，努力传达企业核心价值理念，鼓励勇于创新、开拓进取。

为保证公司战略规划顺利落地，实现企业转型升级，自 2012 年 6 月起，公司党委设立了“中科资源企业名人讲堂”和“中科资源文化讲堂”（以下简称“两个讲堂”），分别邀请院内外成功的企业家及在某领域有所建树的专家来作专题演讲。中科资源“两个讲堂”邀请的主讲人既是社会意义上的成功人士，又来自我们周边成功发展的企业单位，不少企业家都是从基层通过艰苦创业奋斗出来的，他们不同凡人的战略思维和过人胆识，以及实践后总结出的创新经验为公司干部员工开阔了眼界和思路，带来了积极的正能量。通过几年的实践，我们发现“两个讲堂”内容涉猎范围较广，可传达公司核心价值观和文化思想理念，贴近企业发展和员工需求实际，可引导公司干部员工开阔眼界、拓展思路，转变观念，已逐渐成为一项品牌活动，在公司员工中形成一定的影响，营造出企业良好文化氛围，对公司转型升级和员工素质提升起到了良好的促进作用，为公司的持续发展提供了有力的支持。

（2）力求“中心组”学习实效。围绕战略和公司转型需要，以中心组学习为载体，努力拓宽公司高管人员眼界视野提升其能力素质，联系实际组织开展专题学习研讨，切实解决制约发展的瓶颈。

中心组成员在公司转型、战略实施中发挥着“火车头”般的重要作用，但普遍存在任务指标重、经营压力大、工学矛盾突出的问题。为了切实保障学习效果，在多年实践中，公司党委探索出一套行之有效的学习方法。

第一，主题明确，准备充分，防止“临时抱佛脚”。一方面，增强学习的前瞻性和计划性，年初结合年度学习重点制订下发全年学习计划，结合形势发展制定阶段学习目标，并将两者有效结合，确保每次中心组学习都能做到主题明确、重点突出；另一方面，充分做好会前准备，提前印发会议资料，并引入预习机制，要求中心组成员每次学习前都要对学习内容进行预习，在会上发言时要体现出预习成果。通过这种方式有效地避免了会上“临时抱佛脚”情况的出现，提高了学习效率，保证了学习质量。

第二，问题导向，以学习促管理，向学习要实效。结合企业经营过程中遇到的实际问题和棘手问题，有针对性地组织学习，求真务实落实“三严三实”的要求。针对近期公司急需解决的问题，借助中心组学习这个平台，个人坦诚发表意见，集体协商给出解决方法和路径，通过有效沟通，缩短决策进程，有效降低沟通成本和时间成本，提升了管理效能。

在具体实践中，公司中心组学习除紧密结合中央精神和上级党组织部署，组织政治理论和方针政策的学习之外，还开展经营管理理论、风险防控知识、电子商务、网络营销等业务领域知识的学习，学习主题紧扣经济发展趋势、公司战略重点及企业核心业务，重点落在开阔眼界、拓宽思路、求真务实、有的放矢地解决当前面临的发展问题上，不断提高领导干部解决在经营管理工作中面临的重点难点问题的能力。

2. 发挥支部作用，落实“创新发展”，提升全员素质能力

（1）开展“创新发展”主题活动。公司党委紧密围绕中心工作，服务公司健康持续发展，集合广大人民群众的智慧，组织以“创新发展”为核心内容的主题活动，充分发挥基层党支部的战斗堡垒作用，组织开展系列“聚焦献力”活动，围绕公司战略布局及转型进程中制约公司发展的瓶颈问题，实践思维创新、制度创新、组织创新、队伍创新的各项举措。

◎“创新发展”主题活动板报

组织“创新发展、向学追梦”活动，利用综合支部集中公司职能部门的优势，自主开发了“中科资源应知应会”模块，将公司战略规划、企业文化、制度规范以轻松易懂的方式纳入其中，使员工易于接受、乐于接受；在普遍宣贯的基础上，组织公司部门间“应知应会 PK 赛”，进一步强化培训效果，提高员工对公司战略及各项要求的理解，促进公司文化内化于心。

科技服务党支部结合落实公司战略布局，应对本部门新的业务领域和商业模式带来的种种挑战，提出“党员先锋队”建设，打造以“我们每天都在上台阶”为核心的团队文化。面对团队快速增长、职业经验普遍缺乏、业务模式无前车之鉴等困难，针对培训的机制、组织及考核进行了一系列有益的探索创新。建立起常态化业务学习培训机制，制定巅峰团队训练方案，进行广泛化、层次化、实用性、有参与度的系列培训。部门党员带头，以轮流讲座的方式，充分发挥现有人才的经验和知识背景，为部门员工提供业务基本知识培训，员工的口才表达也得到了历练。结合部门总结例会开展“技术比武练精兵”活动，及时检验培训成果。创新活动紧密围绕提高团队成员的进取心和业务能力开展，为部门新业务开展储备了一批优秀的市场推广及管理人才，有力助推公司新战略方向的开拓。

平台融合党支部积极发挥全体员工智慧，结合部门业务方向，开动脑筋，创新方法，在本支部几个部门内开展“内部众筹”“推广博文大赛”“微信砍价”等活动，为业务突破攻坚破难，拓展思路，探路搭桥，取得良好的效果。

（2）创新人才培养载体。在以“创新发展”为主题、以党支部为创新主体组织开展系列“聚焦献力”活动中，综合党支部围绕公司队伍建设、员工能力提升，在公司党委支持下构建“中科资源网络大学”（E-learning）平台，以新时代的手段和工具应对公司发展中的关键问题，帮助员工转变思想意识、拓宽知识结构，成为复合型人才，适应公司新的业务转型发展需要，实现学习助力追梦，创新带动发展，党建工作与经营工作的双促进、两

◎ 中科资源网络大学开学季海报

不误。

E-Learning平台具有以下特点。

第一是资源的广泛性。平台本身拥有近3000门课程，4000多个课时，涵盖各个领域及岗位的知识、技能，能充分满足学员按需学习的要求。同时，平台还提供课程、学习资料上传功能，能够实时更新资源储备，满足企业的个性化学习需求。

第二是定位的精准性。作为一家商贸服务企业，公司岗位涵盖了产品推广、渠道铺设、市场营销、现代物流等数十个领域，其所要求员工具备的技能与平台所提供的知识体系比较吻合。

第三是形式的多样性。平台提供PC端与移动端两种学习渠道，学员可以根据自身情况随意切换和选择。举例来说，中科资源的部分党员需要在全国各地电视台做节目，“空中飞人”的性质决定了他们不可能守在电脑前进行学习，E-Learning平台的移动端就能有效解决这一问题。

第四是学习的便捷性。平台基于互联网所天然具有的全天候、不限时特点使碎片化学习变成常态。

打造中科资源网络大学采取以下举措。

第一是围绕发展战略，助力员工能力建设。加强学习的针对性，为每位学员设置了与岗位职责需求相匹配的学习地图；制作培训效果评估表，实现线上、线下培训全面反馈，便于跟踪、校验培训效果并及时进行调整，将线上、线下培训融为一体；为每位员工建立员工培训档案，并以此作为员工职业发展及未来晋升的依据。

第二是建立培训机制，助力员工学习。从管理、考核、督促、奖惩多角度制定了相应的制度管理体系，如《中科资源网络大学E-learning在线学习管理试行办法》《员工培训学分制管理试行办法》《网络大学积分管理办法》《学员积分兑换管理办法》；提升学习自主性，培训效果与月度绩效考核正式挂钩，在强化管理效能的同时，激励学员充分利用网络大学的丰富资源；促进学习习惯的养成和学习氛围的形成。对优秀学员进行表彰、利

◎ 党委书记为中科资源网络大学优秀学员颁发结业证书

用文化墙张贴专题海报、组织一周年庆典系列活动。

第三是开发内部课程，助力经验传承与分享。大量新员工的集中涌入，使传统的传帮带式培训捉襟见肘。为加速公司内部经验传承和人才复制，完善课程体系，建立知识共享机制，我们开始探索内部课程的开发与建设，并得到业务部门的高度响应。目前已制作上线内部课程近30门，且自建课程内容多为各业务板块的专业知识及业务模块内容，形式多样，课件知识针对性强，对提高员工能力与绩效有显著的效果；注重积累，建立内部资源库，内容涵盖战略、财务、市场营销、党政、综合管理及部门业务知识等；鼓励知识分享，在资料中心模块为10个部门分别建立了子目录，各部门可将内部资料上传至相应的目录下进行公开或非公开的知识共享。网络大学创建以来，除了实现知识学习的功能外，还在公司文化宣贯中扮演着重要角色，在推动制度化建设方面发挥了较好的作用。例如，为实现打破部门间知识壁垒，加强企业历史文化传承，让每一位员工成为真正中科资源人的目标，由公司各部门共同参与编写的《中科资源应知应会》资料大全和《中科资源制度手册》被制作成flash动画，放到网络大学平台上，截至目前，该资料已被下载1260余次。

三、党建创新实践成效

围绕中心，服务中心，一直是党建工作的重要定位。中科资源公司党委主动挑战公司转型发展瓶颈，充分发挥政治核心和战斗堡垒作用，聚焦人才队伍建设，协力经营班子攻坚克难，依托互联网的普及，探索创新党建工作方法和手段，取得一些成效。

（一）围绕中心工作，促进观念转变，助力转型发展

由于党建工作抓住企业发展的根本，一系列创新工作围绕中心工作展开："两个讲堂"旨在通过引入外部智脑起到开阔眼界、转变观念的作用；"中科资源网络大学"平台建设，满足随时随地将我们倡导的文化理念和所需要的专业知识渗透到每个员工的需求；组织"创新发展"系列活动，通过围绕业务转型、集团管控、创新管理，有的放矢地开展工作，有效促使创新发展理念深入人心，活动取得实效，更为持续推动公司转型发展注入源源不断的动力。

我们欣喜地看到，在公司经营业绩屡创新高的同时，转型发展也取得了阶段成绩：全国电视购物服务商排名第一；双十一、双十二全淘宝电器类单店排名分列第五和第二；喀斯玛科苑商城覆盖245个研究所、大学和医院，基本实现中国科学院各研究所的全覆盖，网上交易量达到两个亿；公司根据市场自行开发的空气净化器等产品销售日渐良好；收购并经营的"曼歇坝"咖啡等产品逐步赢得市场。年底公司董事会根据业务发展需要决定于2016年成立两个子公司独立运营电视购物和喀斯玛商城，公司集团化管理也将进入新的发展阶段。

（二）充分发挥战斗堡垒作用，凝聚人心，形成合力

在公司业务多元化发展的战略布局中，支部作用的发挥显得尤为重要。党委以支部为单位开展的"创新发展"主题活动，极大地调动了基层党组织的主观能动性，集大众智慧，助企业发展。支部建在部门，支部围绕业务要求，发挥部门党员先锋作用，有针对性地创新培训手段和部门文化建设，有力地促进团队成员的快速成长和整个团队的向心和凝聚，显现出较强的战斗力，有力推动部门业务发展。

近三年来，科服党支部围绕科技服务平台建设，大力推进“创新、进取、市场”的部门特色文化，凝练出“我们每天都在上台阶”的文化口号，充分体现工作要求、状态及发展愿景，构建出团队创新进取、团结向上的工作氛围；党支部倡导“先锋队”文化，更是把党员作用挺到前面，无论是经营重担、管理难点还是工作作风，事事率先垂范，对团队成员的带动作用非常显著，有力地推动了公司科技服务事业的开拓与发展。作为公司战略重点方向之一的科技服务业务从无到有，平台业务已遍及全国 25 个大中城市，喀斯玛商城入网供应商 4600 余家，在线商品数量 4700 余万种（条），入网采购单位近 364 家，会员两万余名，品牌和影响力逐渐扩大，连续两年被公司评为“开拓进取团队奖”和“跨越进取团队奖”。

（三）打造出一支适应新时期发展变化的人才队伍

在当今互联网时代信息技术迅猛发展的时代背景下，搭建网络大学学习平台的创新举措，同时满足公司新型业务对知识结构调整和亟须打造复合型人才的需求。网络大学出现以来，学习参与率直线上升，学习氛围日渐浓厚，逐步成为公司员工的“随身智库”，为老员工适应岗位调整、工作内涵转变提供了可能，为新员工实现角色转变，适应企业需要，从学生成长为合格员工提供了助力。

例如，平台党支部一名党员干部现任平台运营部客服负责人，她原来从事仓储工作，随着电商业务开展和现代物流模式的引入，原来单纯靠手工操作的配送方式已经不能满足日均上千台的发配货需求，临近退休的她不得不学习新的知识，尝试业务转型，她通过网络大学选修了近百门客服课程，逐渐熟悉并建立起现代服务理念，组建起一支高效的客服团队，保障了公司新兴业务的开展。

四、推进党建创新工作带来的几点启示

（一）围绕中心、服务大局，以党建工作促转型、谋发展

企业开展党建工作既要发挥党建工作对经营管理工作的服务和保障促进作用，又要发挥党建和经营管理工作各自工作的特点与侧重，形成合力，浑然一体。多年来的创新实践告诉我们，以党建工作促转型、谋发展切实可行，脱离实际组织开展的党建工作只是空中楼阁，沙上之丘。只要抓住影响企业发展的核心问题，围绕它去做文章，做足文章，党建工作就不是自说自话，更不会虚无缥缈，而是大有可为，更是成事之本。

（二）坚持“以人为本”，党建工作围绕员工开展

在信息爆炸、思想意识形态多元化的今天，必须注重人的需要。公司近年来引进的知识型人才，更加渴望在企业实际运行中学习实践新的理念、知识和方法，来夯实其职业发展的根基。企业发展归根到底要依靠人才，党建工作只有坚持从“以人为本”的角度出发，将尊重员工、关爱员工、促进员工成长作为党建工作的出发点和落脚点，才能真正调动起广大员工的积极性、主动性和参与性，才能打造出坚强的基层战斗堡垒，才能保障公司经营管理活动顺利开展，保证公司事业快速持久发展。

（三）党建工作引领公司发展主旋律，塑造中科资源“魂”

党建工作在统一员工思想，促进观念转变，推动团队建设，助力企业转型发展方面有着不可替代的作用。党建工作创新在公司转型过程中坚持做到与企业战略目标实现和关注员工发展需求相结合，有效地调动一切有利于企业发展的积极因素，凝聚人心，形成合力。党建工作在企业发展过

程中充分发挥着“旗帜”和“灵魂”作用，引领着公司发展的主旋律，使党的政治核心、政治保障作用得以进一步加强，有效推进企业健康持续发展。

（撰稿人：张　平　王　艺　魏　楠）

北京中科资源有限公司简介

中科资源是中国科学院控股的国有企业，2001 年 12 月由原中国科学院科技物资中心整体转制成立。

公司始终秉承“贸工技”的发展理念，以“市场 + 科技”为企业定位，依托中国科学院的科技产品资源和科研服务需求，服务科技产品惠及民生和科技成果转移转化事业。以科技产品市场化和科技服务产业化为导向，通过不断完善“建平台、创产品、树品牌”三项重要建设，构建“喀斯玛无店铺销售体系”，加强平台和品牌的融合与建设，营造核心业务与创新业务齐头并进的发展新格局，逐步成为独具特色和有一定影响力的现代商贸服务集团公司，矢志不渝地践行“让科技成就你我”的伟大使命。

公司旗下现拥有 4 家控股企业和 4 家参股企业。截至 2016 年年底，公司在职职工总人数 263 人。公司党委下设 7 个党支部，共有党员 113 人。

后　记

本书缘起于2016年1月召开的中央国家机关党建述职评议会。在这次述职会上，中央国家机关工作委员会对中国科学院党建工作给予充分肯定，对开展基层党建创新的做法给予高度评价，希望中国科学院京区党委“全面梳理经验做法，为中央国家机关提供有益参考”。在随后召开的中国科学院京区党委2016年第一次全委会上，多位委员提出，中国科学院京区党建工作有诸多的亮点，应该加大向社会传播的力度。

这么说来，这本书是一篇“命题作文”，但我们不仅仅抱着“完成任务”的心态编写本书。中国科学院是一支国家战略科技力量，北京地区集聚了这支战略科技力量的精锐。这些精锐之力，大多在新中国科技发展史上留下了浓墨重彩的印迹，在世界科技竞争的马拉松中，不断缩短着我国与发达国家的距离，并在若干重要领域已使我国由“跟跑”逐步变为“并跑”“领跑”地位。面向未来，这些精锐之力要在创新型国家和世界科技强国建设中发挥骨干和引领作用，必须明确使命、准确定位，强化担当、高效组织，凝练队伍、提升精神，努力实现“出一流成果、出杰出人才、出创新思想”的目标，保持国家科研机构持久而强劲的创新竞争力。这无疑对科研院所党建工作提出新的更高要求。只有与时俱进、改革创新，将党建工作与科技创新有机融合，以党建创新驱动科技创新，才能真正履行京区各级党组织的基本职能，充分发挥党委的政治核心作用、党支部的战斗堡垒作用和党员的先锋模范作用。

在编写本书时，我们没有忘记中国科学院作为国立科研机构党组织的“初心”。本书汇集了进入21世纪后中国科学院京区单位党建工作创新的基本经验，阐述了在世界科技创新竞争中中国科学院之所以能实现“并跑”“领跑”的重要动力，揭示了国家战略科技力量精锐之力形成的重要缘由。实践永无止境，创新也永无止境。随着中国科学院“率先行动”计划的深入实施，党建创新工作也将同步推进落实。我们将及时总结中国科学院科技创新和党建创新有机互动的新实践、新经验，适时推出本书的新版本或续集。

本书编辑出版是集体劳动的成果。中国科学院党组书记、院长白春礼为本书撰写了序言。中国科学院党组成员、京区党委书记何岩审阅了总报告。中国科学院京区党委常务副书记马扬、遗传发育所党委书记胥伟华牵头制定了全书策划并进行了文稿审阅，京区党委副书记、京区纪委书记倪宏，京区党委副书记房自正参与协调和调研。京区党委组织部部长蔡晨曦参与全书策划，京区党委组织部副部长贾宝余具体负责全书方案制定和稿件统筹。过程所原所长助理崔志民审阅了全书稿件。京区18个单位的党务同仁牺牲节假日时间加班加点，认真负责，保证了本书及时出版。遗传发育所作为本书主报告的牵头单位，在课题研究的组织协调过程中，热忱为大家服务，做了大量具体工作。

在本书的编写过程中，得到了中央纪委驻中国科学院纪检组原组长、全国党建研究会科研院所专委会主任委员王庭大，中国科学院监察审计局原局长、全国党建研究会科研院所专委会副主任委员沈颖，京区党委原常务副书记项国英、京区党委原副书记刘松林和王秀琴、中国科学院古脊椎所党委书记苗建明、中国科学院行政管理局党委书记肖建春等同志的指导、帮助和支持，在此致以诚挚的谢意。

感谢中国科学院京区广大党务干部对本书编写工作的热情参与，感谢科学出版社人文分社社长侯俊琳和副编审张莉对本书出版工作的大力支持。

本书编者

2017年3月